国家骨干高职院校重点专业建设项目成果
焊接技术及自动化专业

焊接生产管理

主　编　杨淼森
副主编　崔元彪　冒心远
参　编　耿艳旭　何珊珊
主　审　徐林刚　张文杰

机械工业出版社

本书基于工作过程的教学理念，按照国际焊接技师（IWS）培养的要求，选择典型的焊接构件为载体进行学习情境描述，按照工作过程的六步法安排教材内容，真正做到“教中学，学中做”，互动融合，促进提高。

全书以除污器生产过程的管理活动为载体，以焊接生产管理人员的工作岗位迁移为主线，共设三个学习情境，包括生产项目实施管理、生产质量管理和生产安全管理三部分内容。生产项目实施管理的主要内容包括生产实施的准备及生产实施管理，生产质量管理的内容包括生产过程的质量管理及生产质量控制体系的建立，生产安全管理的内容包括火焰切割工位的安全管理及焊接生产工位的安全管理。

本书可作为高等职业院校焊接技术及自动化、机械制造与自动化等专业的教材，也可作为成人教育和继续教育的教材，同时也可供其他相关专业的师生参考。

本书配套有电子课件，凡选用本书作为教材的教师可登录机械工业出版社教育服务网 www. cmpedu. com，注册后免费下载。咨询电话：010-88379375。

图书在版编目（CIP）数据

焊接生产管理/杨淼森主编. —北京：机械工业出版社，2015. 9（2025. 1 重印）

国家骨干高职院校重点专业建设项目成果. 焊接技术及自动化专业

ISBN 978-7-111-51675-0

Ⅰ. ①焊…　Ⅱ. ①杨…　Ⅲ. ①焊接—生产管理—高等职业教育—教材　Ⅳ. ①TG4

中国版本图书馆 CIP 数据核字（2015）第 224908 号

机械工业出版社（北京市百万庄大街 22 号　邮政编码 100037）
策划编辑：于奇慧　责任编辑：于奇慧　朱琳琳
责任校对：王明欣　封面设计：鞠　杨
责任印制：常天培
北京中科印刷有限公司印刷
2025 年 1 月第 1 版第 6 次印刷
184mm×260mm · 9 印张 · 207 千字
标准书号：ISBN 978-7-111-51675-0
定价：35. 00 元

电话服务	网络服务
客服电话：010-88361066	机　工　官　网：www. cmpbook. com
010-88379833	机　工　官　博：weibo. com/cmp1952
010-68326294	金　　书　　网：www. golden-book. com
封底无防伪标均为盗版	机工教育服务网：www. cmpedu. com

哈尔滨职业技术学院焊接技术及自动化专业
教材编审委员会

主　任：王长文　哈尔滨职业技术学院

副主任：刘　敏　哈尔滨职业技术学院

钱　强　机械工业哈尔滨焊接技术培训中心

孙百鸣　哈尔滨职业技术学院

高　波　哈尔滨职业技术学院

委　员：李　敏　哈尔滨职业技术学院

杨淼森　哈尔滨职业技术学院

凌人蛟　哈尔滨职业技术学院

崔元彪　哈尔滨职业技术学院

王滨滨　哈尔滨职业技术学院

张文杰　哈尔滨职业技术学院

徐林刚　机械工业哈尔滨焊接技术培训中心

何珊珊　机械工业哈尔滨焊接技术培训中心

雍丽英　哈尔滨职业技术学院

刘立民　哈尔滨锅炉厂有限责任公司

夏　暎　哈尔滨职业技术学院

王天成　哈尔滨职业技术学院

编写说明

教材是体现教学内容和教学要求的知识载体，是进行教学的基本工具，是提高教学质量的重要保证。为落实教育部《关于全面提高高等职业教育教学质量的若干意见》（教高［2006］16号）的精神，加强教材建设，确保高质量教材进课堂，针对高等职业院校焊接专业教学改革的需要，编写了本系列教材。本系列教材的编写结合高等职业教育的特点，以提高实际教学效果为出发点，突出职业技能的培养，突出职业素养的形成，突出就业能力的提升。

本系列教材的创新之处是以“国际焊接技师”培养为主线、以工作过程为导向、突出工学结合的特色，强调可读性和可操作性。专业教学改革采用项目引领的教学模式，依照IWS国际焊接技师工作内容要求，选择典型的焊接构件为载体设置工作任务，并按照工作过程的六个步骤（资讯、计划、决策、实施、检查和评价）组织情境教学，开发以工作过程为导向的核心课程。情境学习可在“教、学、做”一体化实训室中进行，老师既要指导学生完成工作任务，又要操作示范；每个工作任务均需“做中学、学中做”；每个工作任务的要求与企业产品生产要求相一致，学生以企业具体工作岗位的员工身份完成工作任务，并进行考核评价。

本系列教材具有以下特点：第一，注重在理论知识、素质、能力、技能等方面对学生进行全面培养，以培养国际焊接技师为目标；第二，注重吸取现有相关教材的优点，充实新知识、新工艺、新技术等内容，简化过多的理论介绍，开门见山介绍核心内容；第三，突出职业技术教育特色，理论联系实际，加强学生实践技能和综合应用能力的培养；第四，通过教学活动培养学生的工程意识、经济意识、管理意识和环保意识；第五，文字叙述精练，通俗易懂，总结归纳提纲挈领；第六，在编写过程中贯穿国际焊接技师培养所需的最新标准，注重时效性。

本系列教材在编写过程中得到了黑龙江省高职高专焊接专业教学指导委员会的大力支持，许多专家提出了宝贵的意见。机械工业哈尔滨焊接技术培训中心的培训教师及专家参与了本系列教材的编写工作，并提出许多合理的修改意见。编写过程中，我们还采纳了生产企业工程技术人员的建议，将新技术、新工艺添加到教材中，使教材更加贴近生产实际，更加实用，在此一并表示感谢。

本系列教材展示了本专业教改课程的开发成果，希望全国高职院校能够有所借鉴和启发，为更好地推进国家骨干高职院校建设及课程改革做出我们的贡献！

由于编者水平有限，教材中难免存在不足和疏漏，敬请行业专家、教师及读者批评指正。

哈尔滨职业技术学院焊接技术及自动化专业教材编审委员会

前　言

近年来，随着高职教育的快速发展，高等职业教育教学改革的不断深入，高职教育的课程改革也在不断深入进行，并积累了一定的经验，取得了一定的成果。各高职院校的一线教育工作者一直在不断探索适应高职课程改革的新型教材。基于国家示范性骨干高职院校建设和“焊接生产管理”课程改革的需要，为培养学生职业能力和创新思维，编者结合课程改革成果，在总结高职教育教学经验的基础上，融入了国家及行业标准、国际焊接技师（IWS）标准，以“双元培养，国际认证”为培养目标，编写了这本具有鲜明高职教育特色的教材。

本书的特色是：

1. 以工作过程为导向，采用任务驱动的模式

在编写模式上，按照焊接生产的一般过程创设学习情境，设置工作任务。融“教、学、做”为一体，每个工作任务都按照“资讯、计划、决策、实施、检查、评估”六步法编写，使学生系统地掌握焊接过程的特点及分布规律，熟悉焊接生产管理的特点，掌握焊接生产管理的要点，能够实现对焊接生产的管理，提高焊接生产的管理水平，使学生能用理论知识指导实践，成为熟悉焊接生产过程、懂得管理的实用型技术人才。

2. 以典型焊接结构作为载体组织教学内容

以典型焊接结构——除污器为载体，将专业知识的内容按照焊接结构一般生产过程进行展开，将焊接结构的一般生产管理过程按照工作过程进行分解，创设学习情境，按照焊接技术及自动化专业的职业岗位设置工作任务，使本书更加贴近生产实际，具有鲜明的职业教育特色。

3. 融入国际焊接技师标准

本书融入了最新的国家及行业标准、国际焊接技师（IWS）标准，体现了焊接行业国内外的最新技术及发展，以培养职业教育的国际人才，提高学生获得国际焊接技师资质的比例。

4. 教材编写团队成员具有国际焊接工程师资质

本书编写团队学术水平较高，组织构成合理，既有专职的专业教师，又有经验丰富的企业工程技术人员，其中5人具有国际焊接工程师资质，教学经验丰富，2人为行业企业专家，熟悉实际的企业生产及组织管理。

5. 构建过程考核和多元评价体系

课程考核贯穿于所有的工作任务，学生在学习情境中完成任务的每一步表现都计入考核范围，这样能综合反映学生的整体成绩。评价以多元评价为主，采用教师评价、企业专家评价、学生互评、过程评价等多种方式。

本书基于工作过程的教学理念，与机械工业哈尔滨焊接技术培训中心、哈尔滨焊接研究所、哈尔滨锅炉厂等单位合作，结合当前高等职业教育的实际情况，注重教材内容的针对性和适用性，力求体现高等职业教育特色。

本书具体内容包括：除污器生产实施的准备与实施管理，除污器生产过程的质量管理及生产质量控制体系的建立，火焰切割工位的安全管理及焊接生产工位的安全管理。

教学实施建议：教学参考学时为 60～80 学时，教学模式建议采用“教、学、做一体化”模式，在一体化教室进行。教学方法建议采用引导方法、头脑风暴法、小组讨论法等行动导向教学法。

本书由哈尔滨职业技术学院杨淼森任主编，哈尔滨职业技术学院崔元彪和冒心远任副主编，机械工业哈尔滨焊接技术培训中心何珊珊和哈尔滨职业技术学院耿艳旭承担了部分内容的编写工作。具体分工如下：学习情境 1 由杨淼森编写；学习情境 2 中的任务 2.1 由冒心远编写；学习情境 2 中的任务 2.2 由冒心远和崔元彪共同编写；学习情境 3 中的任务 3.1 由崔元彪编写；学习情境 3 中的任务 3.2 由何珊珊和耿艳旭共同编写。全书由杨淼森负责统稿，由机械工业哈尔滨焊接技术培训中心徐林刚、哈尔滨职业技术学院张文杰任主审。

本书在编写过程中，与有关企业进行合作，得到了企业专家和专业技术人员的大力支持，哈尔滨锅炉厂有限责任公司刘立民、机械工业哈尔滨焊接技术培训中心张岩、哈尔滨焊接研究所吴家林等对本书提出了许多宝贵意见和建议，在此特向上述人员表示衷心的感谢。

由于时间仓促，加之编者水平有限，书中难免存在疏漏和不当之处，恳请读者批评指正。

编　者

目　　录

学习情境 1

除污器生产项目的实施管理

【工作目标】

通过本情境的学习使学生具备以下的能力：

1. 编制生产工艺流程及制订生产计划的能力。
2. 利用现代化手段对信息进行收集并整理的能力。
3. 按照国际标准，管理和使用焊接生产设备的能力。
4. 按照安全标准，设计焊接生产工位的能力。
5. 良好的表达能力和较强的沟通与团队合作能力。

【工作任务】

1. 除污器焊接生产场地平面布置图的设计。
2. 除污器焊接生产计划的编制。
3. 除污器生产设备使用计划表的编制。
4. 除污器生产采购计划表的编制。
5. 除污器生产外协件计划表的编制。

【情境导入】

图 1-1　焊接生产车间现场

在某厂除污器生产车间实习的学生，被任命为焊接车间生产班组长。焊接生产车间的主要设备有焊条电弧焊设备、埋弧焊设备、二氧化碳气体保护焊设备、焊接变位机、切割工具等。焊接生产车间现场如图 1-1 所示。针对除污器的生产需要对焊接生产设备进行布置，使之便于生产并符合相关标准。经请示上级领导批准，负责设计焊接生产的设备布置图，并编写生产所需的计划表。完成除污器生产所需技术准备、物资准备、现场准备、外协及计划的准备，并实现对除污器生产组织的贯彻和落实。

任务 1.1　除污器生产实施的准备

任　务　单

<table>
<tr><td>学习领域</td><td colspan="5">焊接生产管理</td></tr>
<tr><td>学习情境 1</td><td colspan="3">除污器生产项目的实施管理</td><td>学时</td><td>18 学时</td></tr>
<tr><td>任务 1.1</td><td colspan="3">除污器生产实施的准备</td><td>学时</td><td>9 学时</td></tr>
<tr><td colspan="6">布置任务</td></tr>
<tr><td>工作目标</td><td colspan="5">通过本任务的学习，培养和锻炼学生具备以下几方面的能力：
1. 按照国际标准，管理和使用焊接生产设备的能力。
2. 按照安全标准，设计焊接生产工位的能力。
3. 按照安全标准，发现焊接生产场地布置不合理，并提出整改措施的能力。
4. 利用现代化手段对信息进行收集并整理的能力。
5. 较强的办公软件应用能力。</td></tr>
<tr><td>任务描述</td><td colspan="5">根据除污器焊接生产的特点，设计工位设备使用安全看板。根据除污器生产要求设计设备的平面布置图。根据除污器生产要求设计焊接生产准备计划表，包括设备使用计划表、材料采购计划表、外协件计划表。根据除污器生产要求编制除污器的生产计划。
在完成此任务的过程中需要了解除污器的焊接生产过程，了解除污器焊接生产所需的材料、设备、生产场地要求，并了解除污器生产的焊接工艺。</td></tr>
<tr><td>任务分析</td><td colspan="5">各小组对任务进行分析、讨论，并根据收集的信息，首先了解除污器生产的过程，根据除污器生产需要编制设备需要计划表、生产材料需要计划表，设计除污器生产焊接车间布置图。需要查找的内容有：
1. 除污器生产焊接加工过程。
2. 除污器生产所需焊接设备及辅助机具。
3. 除污器生产所需材料及外购零部件。
4. 除污器生产标准。
5. 除污器生产的工艺流程。</td></tr>
<tr><td>学时安排</td><td>资讯
2 学时</td><td>计划
2 学时</td><td>决策
1 学时</td><td>实施
3 学时</td><td>检查评价
1 学时</td></tr>
</table>

提供资料	1. 国际焊接工程师培训教程，2012 版。 2. 焊接生产与工程管理，张美清，机械工业出版社。 3. 现代焊接生产与管理，张建勋，机械工业出版社。 4. 焊接生产管理，吴金杰，高等教育出版社。 5. 焊接生产管理与检测，戴建树，机械工业出版社。
对学生的要求	1. 具有焊接专业基础知识（焊接方法与设备），通过专业实习，对焊接企业的产品及行业领域有一定的了解。 2. 具有独立思考、善于提问的学习习惯。能对任务书进行分析，能正确理解和描述目标要求。 3. 具有查阅资料和市场调研能力，具备严谨求实和开拓创新的学习态度。 4. 具备一定的观察理解和判断分析能力。 5. 具有团队协作、爱岗敬业的精神。 6. 具有一定的创新思维和勇于创新的精神。

资　讯　单

学习领域	焊接生产管理		
学习情境 1	除污器生产项目的实施管理	学时	18 学时
任务 1.1	除污器生产实施的准备	学时	9 学时
资讯方式	实物、参考资料		
资讯问题	1. 除污器生产的工艺过程及特点是什么？ 2. 怎样正确设计除污器焊接生产车间的设备布置图？ 3. 怎样正确制订除污器焊接生产计划？ 4. 如何选择除污器生产所需的焊接设备及辅助机具？ 5. 如何制订除污器生产所需的材料及外购零部件计划？ 6. 如何合理布置焊接生产工位？ 7. 如何制订除污器生产的工艺流程？		
资讯引导	资讯问题 1、2、3、4 可参考《国际焊接工程师培训教程》，哈尔滨焊接技术培训中心。 资讯问题 5 可参考《焊工工艺与技能训练》，王长忠，中国劳动社会保障出版社，2007。 资讯问题 6 可参考《焊接生产管理与检测》，戴建树，机械工业出版社，2004。 资讯问题 7 可参考《焊接生产与工程管理》，张美清，机械工业出版社，2009。		

信 息 单

1.1.1 除污器生产技术准备

1. 熟悉和审查施工图样

1）审查结构设计是否合理，是否符合国家有关设计和施工的规范，在现有的工艺技术条件下能否实现设计所要达到的质量要求，并向设计单位提出修改建议。

2）施工图样是否完整和齐全，与说明书在内容上是否保持一致，图样及其各组成部分之间有无矛盾和错误。

3）焊接结构图样与其他相关的工程图（如土建图样）在尺寸、坐标、标高和说明等方面是否一致，技术要求是否明确。

4）复核主要承载结构或构件的强度、刚度和稳定性能否满足施工要求；对于工程复杂、施工难度大和技术要求高的工程，要审查现有生产技术和管理水平能否满足工程质量和工期要求，对结构有何特殊要求等。

审查施工图样通常按照图样自审、图样会审和图样现场签证三个阶段进行。图样自审由施工单位主持，并写出图样自审记录，记录可在会审会议上提交讨论。图样会审由建设单位主持，设计和施工单位共同参加，形成“图样会审纪要”，并由建设单位正式行文，三方会签并盖公章，作为指导施工结算的依据。图样现场签证是指在生产过程中，遵循技术核定和设计变更签证制度，对所发现的问题进行现场签证，在三方统一认识的基础上，作为指导施工、竣工验收和结算的依据。

2. 现场资料调查分析

当结构产品在现场进行制作或安装时，必须对现场的政治、经济、地理等情况进行深入调查，并分析其特点，为正确编制施工组织设计提供依据。如计划在某市商业闹市区邻街相对两商场间搭建一人行钢桥，为了不影响马路的正常通行及行人安全，应考虑在加工厂完成人行钢桥的节段制作，而现场的节段安装及主要位置的焊接、辅助支架的安装及拆除，则应在夜间12点至次日上午9点间完成。为此，需要做现场调查，只有掌握了现场具体情况，才能决定采取何种相应技术措施。

通常调查内容包括以下三个方面：

（1）自然地理条件　自然地理条件包括工程所在地的地理位置、地形、施工场地范围、气象、水文等情况。

（2）技术经济条件　技术经济条件包括工程材料、设备、燃料、动力和生活用品的供应情况、价格水平以及当地劳务市场可雇佣人员的技术水平、工资水平等。

（3）施工条件　施工条件包括场地四周的情况、给排水、供电、道路、通信设施等。

3. 编制施工组织设计和工艺规程

施工组织设计是指对即将施工的制作及安装工程项目，在开工前针对工程本身的特点和现场（或生产车间）的具体情况，按照工程的要求对所需要的生产劳动力、生产材料、施工机械和施工临时设施，经过科学计算、精心比较及合理安排后而编制出的一套在时间上和空间上进行合理施工的战略部署文件。编制施工组织设计是技术准备工作的核心工作。

工艺规程是指导施工的技术文件，是生产、组织和生产管理的基本依据。焊接工艺规程是指导焊接生产的主要技术文件，是焊接件生产企业质量保证体系和产品质量计划中最主要的文件。编制工艺规程在生产准备工作中占有重要地位。

4. 编制项目预算，确定工料定额

根据图样所确定的工程量和施工组织设计所拟订的生产工艺，参考国家劳动定额，计算各主要生产工序的人工工时、材料消耗量，并汇编成册，为开展成本控制管理做好技术上的准备。自清洗除污器的结构如图 1-2 所示，技术参数见表 1-1。

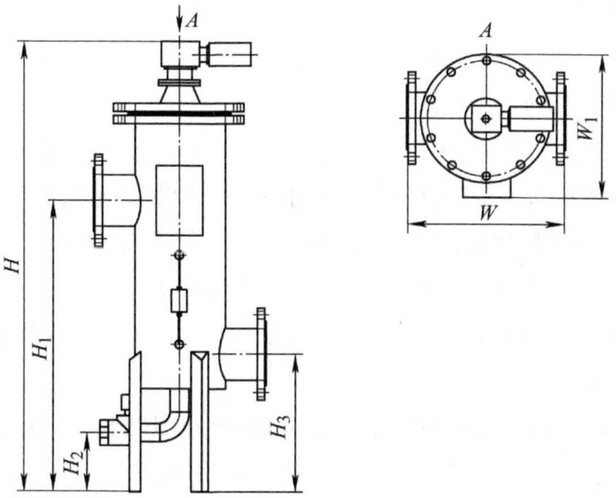

图 1-2　自清洗除污器结构简图

表 1-1　AF 系列自清洗除污器技术参数

型　号	出入水口孔径/mm	H /mm	H_1 /mm	H_2 /mm	H_3 /mm	W /mm	W_1 /mm	流量 /(m^3/h)	过滤面积 /cm^2	质量 /kg
DLD－AF－80	80	1251	762	205	407	683	673	50	1175	87
DLD－AF－100	100	1319	817	205	417	683	673	80	1377	106
DLD－AF－125	125	1431	897	205	432	683	673	125	2105	132
DLD－AF－150	150	1532	974	205	453	744	725	150	3024	197

1.1.2　除污器生产物资准备

1. 物资准备工作内容

在焊接结构生产中，所需的物资包括主材（钢板、钢管、型钢等钢材）、外购件（法兰、氧气瓶、标准件等）、辅材（焊条、氧气、乙炔等）、施工机具（焊机、起重机、空压机等）、工艺装备（滚轮架、变位机、夹具等）。相应的物资准备工作有：材料准备、施工机具准备和工装准备。

（1）材料准备　根据图样材料表计算出各种材质、规格的材料净用量，再加一定数量的合理损耗，提出材料预算计划，结合生产进度计划，编制主材、辅材、外购件需要量及供应计划，为施工备料、确定仓库和堆场面积以及组织运输提供依据。

对于焊接结构而言，各部件的连接主要是由焊接来完成的。产品上有许多焊缝，按其分

类，主要可分为对接焊缝、角焊缝、组合焊缝和堆焊焊缝。焊缝金属质量（G）的计算公式为

$$G = V\rho = FL\rho \tag{1-1}$$

式中 G——焊缝金属质量；

F——焊缝截面积；

L——焊缝长度；

V——焊缝体积；

ρ——焊缝金属密度。

由于焊缝金属密度（ρ）是一个定值，焊缝长度（L）如果视为基本固定，焊缝金属质量（G）则和焊缝截面积（F）成正比关系。

焊缝坡口形式的多样性，使得在计算焊缝截面积时，需要花费大量时间，甚至对于一些简单的焊缝坡口形式，也要做复杂的计算。为了避免这种情况的发生，便于计算焊缝金属质量，企业往往着手编制适合本企业的《焊接材料消耗定额标准》。它依据焊缝各种不同的坡口形式及不同的材料厚度，计算出焊缝坡口的焊缝截面积（F），从而确定其单位长度焊缝金属质量（G_n），再根据产品图样所示的焊缝长度（L），求得该焊缝的焊缝金属质量（G）。焊接材料消耗表的常见形式见表 1-2 ~ 表 1-4。

显然，不是所有的焊接材料都能作为焊缝金属填入焊缝坡口中的。例如，对于焊条电弧焊所用的焊条，由于焊条药皮、焊条头损耗及焊接飞溅等因素，焊条消耗质量的 50% ~ 60% 填入焊缝坡口中。药芯焊丝是由焊丝和焊剂组成的，由于其焊接损耗较少，故药芯焊丝消耗质量的 70% ~80% 填入焊缝金属；对于埋弧焊，其焊丝消耗质量的 95% ~98% 填入焊缝坡口中，而主要起焊接保护作用的焊剂与焊丝消耗比例大约是 1.5 : 1。为此，在计算焊接材料消耗定额时，需根据不同的焊接方法所确定的焊接材料，进行焊接材料消耗定额计算。通常焊接材料消耗质量按下式计算

$$G_w = nG \tag{1-2}$$

式中 G_w——焊接材料消耗质量；

G——焊缝金属质量；

n——焊接材料熔敷系数。

对于焊条，取焊接材料熔敷系数 $n = 2.1$；对于药芯焊丝，取 $n = 1.45$；对于埋弧焊焊丝，取 $n = 1.05$。熔化极惰性气体保护焊（MIG）用的焊丝，取 $n = 1$。

与埋弧焊焊丝配合使用的焊剂，若是熔炼型焊剂，则焊剂与焊丝的比例为 1.5 : 1；若是烧结型焊剂，则比例是 1.3 : 1。

表 1-2 单面不开坡口无底对接焊缝

钢板厚度 δ/mm	间隙 b/mm	焊缝宽度 B/mm	焊缝高度 c/mm	截面积 F/mm^2	熔敷金属质量/kg
1	0 ~ 1	6	1 ~ 2	5	0.039
2	0 ~ 1	6	1 ~ 2	6	0.047
3	1 ~ 2	8	1 ~ 2	8.33	0.065
4	1 ~ 2	8	1 ~ 2	9.33	0.073

注：$F = \delta b + 2Bc/3$。

表 1-3　单面不开坡口带垫板对接焊缝

钢板厚度 δ/mm	间隙 b/mm	焊缝宽度 B/mm	焊缝高度 c/mm	截面积 F/mm²	熔敷金属质量/kg
1	2^{+2}_{-1}	4±2	0~1.5	7	0.055
2	2^{+2}_{-1}	6±2	0~2	14	0.110
3	2^{+2}_{-1}	8	0~3	25	0.196
4	2^{+2}_{-1}	8	0~3	28	0.220
5	2^{+2}_{-1}	8	0~3	31	0.243
6	2^{+2}_{-1}	8	0~3	34	0.267

表 1-4　双边 V 形坡口埋弧焊对接焊缝

钢板厚度 δ /mm	间隙 b /mm	焊缝宽度 B /mm	截面积 F /mm²	熔敷金属质量/kg	消耗定额/（kg/m）		
					焊条 ϕ4mm	焊丝 ϕ4mm	焊剂
16		9	107	0.84		0.88	1.25
18		11	131	1.03	0.10	1.06	1.5
20		14	165	1.3		1.35	1.9
22		16	198	1.55		1.6	2.2
24	2~3	18	235	1.84	0.15	1.9	2.65
25		19	255	2.00		2.1	2.9
26		20	276	2.17		2.25	3.15
28		23	332	2.61	0.20	2.7	3.8
30		25	382	3.00		3.1	4.3

（2）施工机具准备　根据生产工艺和进度计划的要求，编制机具需要量计划，为组织、运输和确定机具停放场地提供依据。在焊接过程中，施工机具包括焊机、起重机、空压机等。根据焊接方法的不同焊机的种类也不相同，包括焊条电弧焊用焊机、氩弧焊机、二氧化碳气体保护焊机、埋弧焊机、钨极惰性气体保护焊机等。根据焊机的构造不同又分为弧焊变压器、弧焊整流器及弧焊发电机等种类。逆变式弧焊整流器是近年来发展较快、应用较多的焊机，如图 1-3 所示。焊机的一些技术参数见表 1-5。

图 1-3　逆变式弧焊整流器

表 1-5　逆变式弧焊整流器的技术参数

产品型号	输入电压/V	电流调节范围/A	额定负载持续率（%）	空载电压/V	输入容量/kVA	质量/kg	外形尺寸/mm×mm×mm
ZX7-160	1 相 220	15~160	60	69	4.5~7.8	7	380×160×240
ZX7-180	1 相 220	15~180	60	69	5.8~8.5	8	380×160×240
ZX7-200	1 相 220	15~200	60	69	7~9.6	8	380×160×240
ZX7-250	3 相 380	20~250	60	72	8.8	18.5	480×210×310
ZX7-315	3 相 380	20~315	60	72	10.4	24	520×295×380
ZX7-400	3 相 380	20~400	60	72	14.6	28	540×295×380

(3) 工装准备　根据生产工艺流程及现场工艺布置图的要求，编制工装需要量计划，为组织、运输和确定堆场面积提供依据。

2. 物资准备工作程序

1）编制各种物资需要量计划。

2）选择信誉好、物优价廉的供货商家，签订物资供应合同。

3）确定物资运输方案和计划。

4）组织物资按计划进厂（场）和保管。

3. 劳动组织准备

(1) 建立项目组织机构　管理组织，就是围绕一项共同目标，建立组织机构，并对组织机构中的每个人员指定职位，明确职责，授予权力，交流信息，并协调工作，使其以最高的效率实现既定目标。

项目的管理组织与生产运营的管理组织在组织机构上是不同的，一个项目的组织机构通常受项目的目标、项目的任务、项目所能获得资源的多少、项目的各种制约条件等的影响和限制。因此，一个企业面对不同的生产项目或在项目实施的不同阶段应建立不同的项目组织机构。

1）项目组织机构的形式

① 直线制（见图 1-4）。直线制是由上层到基层按垂直系统建立的组织形式，由各级领导者执行统一指挥和管理职能，不设专门的职能机构。这种组织形式一般适用于小型、生产简单的企业。

② 职能制（见图 1-5）。职能制是在各级领导者之下，按专业分工设置管理职能部门，在其业务范围内有权向下发布指令，下级既服从上级领导者的指挥，又听从上级各职能部门的指挥。这种组织形式能够适应企业生产技术发展和经营管理复杂化的要求，可以发挥专业管理人员的专长。但它妨碍了统一指挥而形成多头领导，不利于责任制的建立和管理效率的提高。

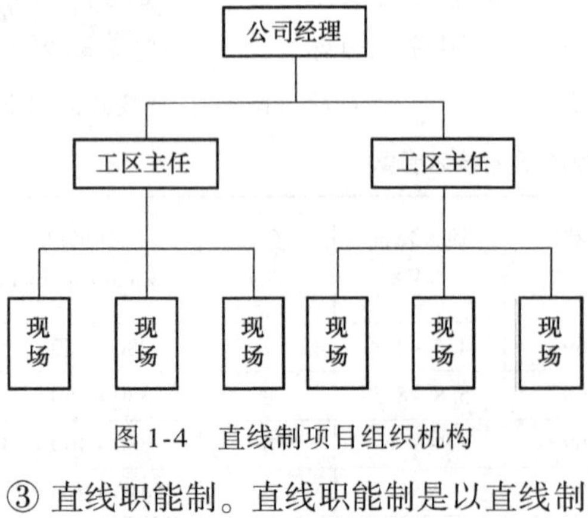

图 1-4　直线制项目组织机构

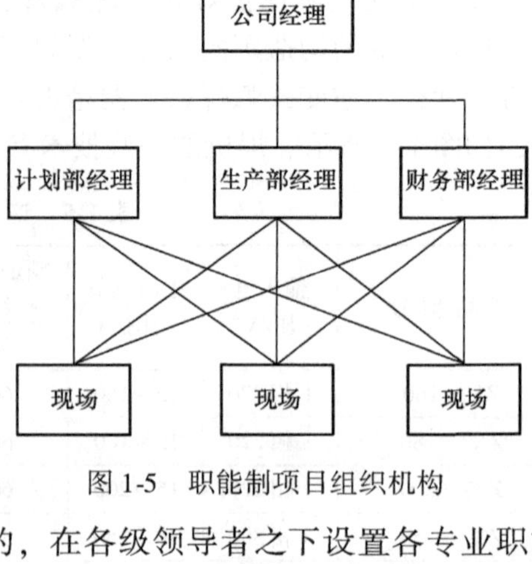

图 1-5　职能制项目组织机构

③ 直线职能制。直线职能制是以直线制为基础的，在各级领导者之下设置各专业职能部门，作为该级领导者的参谋部，由职能部门拟订计划、方案以及有关指令，经领导者批准下达。职能部门对下级进行业务指导。

这种组织形式保持了直线制集中统一指挥的优点，吸取了职能制发挥专业管理职能作用的长处。其缺点是各职能部门之间的横向联系差，直线与职能的责权协调较难。

④ 矩阵式组织。它将按职能划分的部门和按项目划分的小组结合起来组成一个矩阵，项目小组成员既与原职能部门保持组织和业务上的联系，又参加项目小组的工作。每个项目负责人（项目经理）受企业领导者领导，而项目小组成员受项目负责人和原属职能部门双重领导。这种组织形式，富有弹性、灵活性，适应性较强，能使管理中的纵向与横向很好地结合，对项目管理有利并能充分发挥专业人员的作用。它适用于工程或科研项目。其缺点是：由于领导关系上的双重性，往往会发生一些矛盾。

⑤ 项目型组织。项目型组织是一种模块式的组织结构，主要适合于各种业务项目企业和组织。例如，现有的安装施工企业多数采用这种组织结构。在这种组织中，雇员多数属于某个项目团队，而项目团队通常是由多种职能人员组合而成的。这种组织也会有一定数量的职能部门，由这些部门负责整个企业的职能管理业务，如企业的人力资源管理、财务管理和后勤管理等方面的工作。项目型组织的职能部门是纯职能性的，这些职能部门不行使对项目经理的直接领导，只是为各种项目的开展提供支持或服务。

这种组织的主要经营活动是开展各种业务项目，在这种组织中，绝大多数人员（相同专业的和不同专业的员工）分属于不同的项目组织或项目团队。多数是专职的项目工作人员，只有少数是临时抽调的项目工作人员。这种组织的项目经理都是专职的，而且在整个组织中十分独立和具有权威性。组织的项目团队由专职的项目经理、专职的项目管理人员、作业队和少量临时抽调的兼职项目工作人员构成（这些兼职的项目工作人员多数是一些特殊性的专业人才）。

2）项目组织形式的选择。生产项目有许多种组织形式可以选择，如直线式组织、矩阵式组织、项目型组织等。这些项目组织形式，各有其使用范围、使用条件和特点。不存在唯一的适用于所有组织或所有情况的最好的组织形式。在实际生产中必须考虑下列一些具体情况予以分析和选择：

① 项目自身的情况，如规模、难度、复杂程度、项目结构状况、子项目数量和特征。

② 上层系统（企业）组织状况，同时进行的项目的数量及其在本项目中承担的任务范围。如果同时进行的项目（或子项目）很多，必须采用矩阵式的组织形式。

③ 应采用高效率、低成本的项目组织形式，能使各方面有效地沟通，各方面责权利关系明确，能进行有效的项目控制。

④ 决策简便、快速。由于项目与企业部门之间存在复杂的关系，其中最重要的是指令权的分配。不同的组织形式有不同的指令权的分配方式。对此企业和项目管理者都应有清醒的认识，并在组织设置及管理系统设计时贯彻这个精神。

⑤ 不同的组织形式可用于项目周期的不同阶段。即项目组织形式在项目期间可不断改变，早期仅为一个小型的工作小组；进入设计阶段可能采用直线式组织，或由一个职能经理领导进行项目规划和设计、合同谈判；在生产施工阶段可采用以一个生产管理为主的组织，对于一个大项目可能是矩阵式的；在交工阶段，需要各层次参与，再次产生集中的必要，通常会回到直线式组织。

⑥ 通常矩阵式的组织形式比独立的项目组织更能确保项目目标的实现，比独立项目组织更有效地降低项目成本。

⑦ 项目组织形式的选择有一些评价指标可供分析，见表1-6。

表1-6　项目组织形式选择的评价指标分析表

项目领导	专业部门中的项目组织			指挥部			针对项目的线形组织			矩阵组织		
	差	中	好	差	中	好	差	中	好	差	中	好
对项目相关的指令权清楚	○			○					○			○
目标的独立性	○				○				○			○
独立的监督	○				○		○					○
项目管理人员费用			○			○	○			○		
信息流	○				○				○			○
任务结构变化的可行性	○			○				○				○
合作者最佳投入的可能	○			○					○		○	
任务划分和责任的透明度	○			○					○			○
知识、能力传送的保证			○		○		○					○
人力负荷峰值平衡的可能			○		○		○					○
参加者之间的合作	○			○					○			○
专业部门之间协调费用			○	○					○			○

（2）确定项目经理

1）项目经理的角色与职责　生产项目管理的主要责任是由项目经理承担的，项目经理是项目管理的主要责任人。项目经理的根本职责是确保项目的全部工作在项目预算范围内按时、优质地完成，从而使客户满意。项目经理在整个项目管理中是核心人物，在项目管理中承担着许多角色，项目经理承担的最主要角色和职责包括下列几个方面。

① 项目经理是生产项目的领导者。其领导职责主要是充分运用自己的职权去影响他人，为实现项目的目标而服务。这种领导职责包括：适时地做出正确决策，适时地开展项目团队的激励，充分地与全体团队成员进行沟通等方面的工作。

② 项目经理是项目的计划者。其计划职责主要是明确项目目标，界定项目的任务和编制项目的各种计划。具体地说，项目经理要决定：项目要实现哪些目标，这些目标相互如何协调，项目要完成哪些任务，这些任务哪些由自己的项目团队完成，哪些进行对外分包。要指导项目管理人员制订出项目的各种专项计划，并负责项目全过程的计划调整与管理。

③ 项目经理是项目的组织者。其组织职责主要是努力为项目的实施获得足够的人力资源、物力资源和财力资源，并组织建设好项目团队，合理地分配项目任务，积极地向下授权，及时地解决各种矛盾和争端，开展对全体团队成员的培训等。

④ 项目经理是项目的控制者。其控制职责主要是全面对项目进行监控，集成控制项目的工期进度、项目成本和工作质量，通过制定标准、评价实际、找出差距和采取纠偏措施等工作使项目的全过程处于受控状态。

⑤ 项目经理是项目利益的协调者。项目经理不但要协调项目业主和客户的利益，还要协调项目业主和客户与项目团队的利益，以及项目团队、项目业主及客户和项目其他利益相关者之间的各种利益关系。在协调这些利益关系的同时，项目经理还需要通过自己的工作，努力提高项目的总体利益，从而使所有利益相关者都能够从项目中获得尽可能大的利益。

2）项目经理的技能要求　项目的成功与否主要取决于项目经理，因此项目经理必须具备保证项目成功所需的各种技能。这些技能主要包括三个方面：其一是概念性技能，其二是人际关系技能，其三是专业技能。这些技能的具体内涵分述如下。

① 项目经理的概念性技能。项目经理的概念性技能是指项目经理在项目实现过程中遇到各种意外或特殊情况时，能够根据具体情况做出正确的判断、提出正确的解决方案，并做出正确的决策和安排的技能。这项技能要求一个项目经理必须具备如下几个方面的能力。

a. 分析问题的能力。即从各种复杂多变的情况中发现问题，找出问题实质和分析问题原因的能力。这方面的能力包括：发现问题的敏锐性、准确性和全面性；分析问题的逻辑性、可靠性和透彻性。

b. 正确决策的能力。即在各种情况下找出解决问题的可行性方案，并挑选出最佳（或满意）方案的能力。这方面的能力包括：首先是收集信息的能力，其次是加工处理信息的能力，然后是根据各种信息确定备选方案的能力，最后是选择最佳方案的能力。

c. 解决问题的能力。项目经理这一职务和岗位就是为解决项目不断出现的各种问题而设立的。这方面的能力包括三个方面：其一是解决问题的针对性，其二是解决问题的正确性，其三是解决问题的完善性。

d. 灵活应变的能力。项目本身的可变因素很多，相对开放的环境是可变的，工期进度的时间和各种资源是可变的，项目任务的范围和内容是可变的，项目的组织和团队成员是可变的（因为是临时性的），项目业主和客户的要求与期望是可变的，面对这么多的可变因素，项目经理必须具有灵活应变的能力。这是一种控制和处理项目各种变动的能力，一种在各种变动中确保项目目标得以实现的能力。

② 项目经理的人际关系技能。项目经理的人际关系技能是指项目经理在与各种人员（包括项目的相关利益者和项目团体的全体成员）打交道时，能够充分地与他人沟通，能够很好地进行激励，能够因人而异地采取领导和管理的方式，能够有效地影响他人的行为，以及处理好各方面的人际关系的技能。这项技能要求一个项目经理必须具备如下几个方面的能力。

a. 沟通能力。项目经理必须具备很强的沟通能力，因为项目经理与一般运营管理人员的情况不同，他需要不断地与项目团队的各个成员，与项目业主和客户或者他们的代理人，与项目其他相关利益者以及其他组织和个人之间进行沟通。在这些沟通中，既包括管理方面的沟通和技术方面的沟通，也包括商务方面的沟通和思想感情方面的沟通；既包括书面语言的沟通，也包括口头语言的沟通和非语言的沟通（各种手势和表情等）。项目经理必须能够掌握各种沟通的技能，以便在项目管理中能够充分地进行信息传递和思想交流。

b. 激励能力。激励能力包括对他人的激励和自我激励两个方面的能力。项目管理中的激励与一般运营管理中的激励不同，整个项目的激励工作主要是由项目经理承担的。项目经理需要不断地激励项目团队的每个成员，使整个项目团队能够保持士气和工作的积极性，共同为实现项目的目标而努力。同时项目经理还需要不断地激励自己，使自己能够去面对和解决项目的各种问题。项目经理的激励能力包括下述几个方面。

——项目经理必须具有深入了解和正确认识项目团队成员各种需求的能力。

——项目经理必须能够正确选择激励手段。包括精神激励手段和物质激励手段，内在激励手段和外在激励手段，正强化手段和负强化手段等各种不同的激励手段以及它们的有机结合。

——项目经理必须能够制定出合理的奖惩制度。项目经理还必须能够适时地采取奖惩和其他一些激励措施。

c. 影响他人行为的能力。项目经理要管理好一个项目，最重要的是要有影响他人行为的能力，这包括运用职权影响他人行为和运用个人权力影响他人行为的能力。在项目管理中，项目经理需要使用自己拥有的权力，通过各种各样的方式去影响他人的行为，为实现项目的目标服务。项目经理运用权力去影响他人为实现项目目标所做的努力是项目经理在一定条件下为实现项目目标所开展的一种管理行为，是根据项目的具体情况和项目环境的发展变化，按照权宜之变的原则所采取的各种相应的领导方式。项目经理影响他人行为的能力包括下述几个方面。

——运用职权影响他人行为的能力。项目经理的职位赋予了项目经理一定的职权，包括奖惩权、强制权和其他一些规定的权力。项目经理必须具备能够正确使用这些职权的能力，具备运用由于拥有这些职权所获得的权力倾斜优势，去影响和改变他人行为的能力。

——运用个人权力影响他人行为的能力。除了项目经理的职位赋予的职权以外，项目经理还应具有专长权、个人影响权、参与权等一系列与个人素质和能力等因素有关的个人权力。

d. 人际交往能力。项目经理是一个项目的核心人物，他需要与项目业主、项目客户、项目的其他利益相关者以及项目团队的全体成员打交道，因此他必须具备较高的人际交往能力，否则他将无法领导他的团队，无法与项目全体利益相关者保持正常的工作关系。

e. 处理矛盾和冲突的能力。项目经理是一个项目的矛盾和冲突的中心，因为项目业主、项目客户、项目的其他利益相关者以及项目团队的各种矛盾和冲突多数需要项目经理进行协调和处理。因此他必须具备处理矛盾和冲突的能力，否则就会陷入各种矛盾和冲突之中，那样不但无法完成项目，而且会引发各种各样的纠纷甚至诉讼。项目经理处理矛盾和冲突的能力同样包括许多方面，其中最主要的能力如下。

——协商的能力。项目经理处理矛盾和解决冲突首要的能力是通过协商使矛盾和冲突的双方达成一致的能力。

——调停的能力。项目经理应当具备充当调停者，为项目团队成员之间或团队成员与其他人等矛盾和冲突的双方进行调解的能力。这包括项目经理出面安排和组织双方协商的能力，以及裁定和解决矛盾与冲突的能力。

——妥协的能力。现代项目管理认为任何项目的最终结果都是一种妥协的结果，不是利益的妥协，就是目标的妥协或是其他的妥协。项目经理必须具备在矛盾和冲突中进行妥协的能力，即牺牲一定的利益或目标以解决矛盾和冲突的能力。

——搁置的能力。项目经理有时面对的冲突和矛盾是可以随着时间的推移而自行消失的，所以项目经理应该具有一定的搁置矛盾和冲突的能力，在遇到矛盾和冲突的时候能够分析确定一个具体的矛盾和冲突是否可以通过搁置办法来化解和解决。

——激化的能力。项目经理有时面对的矛盾和冲突必须采取激化的方法去解决，所以项目经理应该具有一定的激化矛盾和冲突的能力，在遇到矛盾和冲突的时候能够分析确定一个具体的矛盾和冲突是否可以通过激化的办法去转化和解决。

③ 项目经理的专业技能。项目经理的专业技能是指项目经理在整个项目实施过程中所需的处理项目所属专业领域技术问题的能力。一个项目经理不但要有上述项目管理和一般管理方面的能力，还必须要有与生产项目相关的专业领域的知识和技能。因为项目都是属于一定专业领域中的一次性和创新性的工作，这要求项目经理必须具备足够的相关专业知识和专业技能。在项目管理中，“外行领导内行”是非常困难的，所以多数项目经理都是由项目相关领域中的专家担任的。由于不同的项目涉及不同的专业领域，所以很难具体描述项目经理应该具备的专业技能。当然，一个项目经理不必一定是具体项目专业领域中的权威，但是项目经理必须具备项目所需的基本专业知识，了解项目所涉及专业的基本原理。一个焊接结构制作与安装工程项目的项目经理必须了解焊接结构生产工艺和安装的技术等。

3）项目经理的素质要求

① 勇于承担责任的精神。项目的管理责任是很重的，而项目经理所负有的责任尤为重要。因为项目管理与运营管理不同，没有职能部门去分担责任，多数责任是由项目经理承担的。而且项目管理所处的环境又是相对不确定的，所以在项目管理的过程中，随时都需要做出决策和选择。因此项目经理必须具备勇于承担责任的精神，任何不负责任、推卸责任和逃避责任的行为都是不允许的。

② 积极创新的精神。项目经理与一般运营管理中的经理不同，项目是一次性的和独特性的，所以往往没有经验可以借鉴。在项目的实施过程中，项目管理几乎处处需要创新和探索，所以项目经理必须具备创新精神，任何保守的做法、教条的做法和墨守成规的做法都会给项目的实现带来问题和麻烦，甚至是行不通的。

③ 实事求是的作风。由于项目管理需要具备创新精神，而创新的前提是实事求是，尊重客观规律，所以项目经理还必须具有实事求是的作风。项目经理必须要具有根据各种情况报告分析和发现事物客观规律的能力，以及坚持实事求是原则的作风。不管是项目业主、项目客户还是自己的上级提出的要求、做出的决定、给出的指示，项目经理都必须首先分析它们是否符合事物的客观规律，凡是有问题的一定要认真说明和据理力争。项目经理一定要忠于事实、尊重科学、实事求是，决不能违背客观规律。

④ 任劳任怨、积极肯干的作风。项目经理的主要工作是现场指挥和项目一线的管理，这与一般运营管理有很大不同，这就要求项目经理需要有吃苦耐劳、任劳任怨、积极肯干的作风。因为在项目管理中有许多需要解决的矛盾和冲突，对项目经理会有各种各样的抱怨，如果项目经理没有任劳任怨的作风就无法承担项目经理的重担。同时，项目经理必须具备积极肯干和敬业的精神，因为项目经理在许多时候既要承担一般项目团队成员的责任，又要完成项目经理的工作，如果没有积极肯干的作风是很难胜任的。

⑤ 自信心。项目经理另一个重要的素质是要有自信心，因为项目团队多数时间是在项

目经理的领导下独立工作的，很少有上级或职能人员可以依靠，许多情况下只能相信自己的判断、自己的决策和自己的指挥命令。在这种环境下，一个项目经理如果没有自信心就会犹豫不决、贻误时机、耽误工作，所以项目经理一定要有自信心。

(3) 组建精干的作业班组

作业班组的组建，应根据施工组织设计中所拟订采用的生产组织方式来确定。在焊接结构生产中，主要的生产组织方式有以下两种：

1) 专业分工的大流水作业生产。这种生产组织方式的特点是各工序分工明确，所做的工作相对稳定，定机、定人进行流水作业，作业班组是专业班组，如焊工班、装配钳工班、冷作钳工班，在有些大批量生产的场合，冷作钳工班可分为划线放样班、切割班、构件成形班等。因此，应选择专业技能较强的人员组成各个作业班组。

这种生产组织方式适用于大型、工期长的生产项目。

2) 一包到底的混合组织方式。这种生产组织方式的特点是产品统一由大组包干，生产人员多是“一专多能”的综合型技能人员，如放样工兼做划线、装配，剪冲工兼做平直、矫正工作，焊工兼做切割等，而且机具也由大组统一调配使用。因此，应选择工作经验丰富、技术水平较高的多面手组成作业班组。这种生产组织方式适合小型、工期短的生产项目。

不管采用何种方式的生产组织，均应按照生产进度计划拟订劳动力需要量计划，既要及时准备作业班组投入生产，又要避免无计划而出现生产人员窝工现象，造成不必要的人力浪费。

(4) 做好职工教育工作，组织技能考核

加强对生产人员的职业技能培训考核、安全与文明生产教育，是保证按时、按质、按量完成生产任务的重要工作。

同时，为落实施工计划和技术责任制，应按管理系统逐级进行技术交底。交底内容包括：生产进度计划和日、旬、月作业计划，各项安全技术措施、降低成本措施和质量保证措施，质量标准和验收规范要求，图样变更和技术核定事项等。必要时，要举办培训班，进行现场示范。此外，要建立健全各项规章制度，加强遵纪守法教育。

1.1.3 除污器生产场地准备

生产场地的准备工作需要考虑供水、供电、供热、供气等能源供应问题，场地定置管理问题，临时设施问题等。当生产在本企业生产车间开展时，设备设施的定置管理已在《焊接结构生产》中述及。

然而，许多大型或工期长的焊接结构制作与安装工程项目因加工占用空间大、运输难度高等原因，一般不在车间内组织结构部件的装配与焊接，往往选择开阔、平整、交通便利的户外场地或结构安装现场组织生产施工。这种经批准占用从事大型焊接结构的装配焊接、结构安装的场地称为项目施工现场。工程项目施工现场是施工的“枢纽站”，大量的物资“停站”于此，活动在现场的大量劳动力、机械设备和管理人员，通过生产活动将这些物资一步一步转变成结构产品。这个“枢纽站”组织是否得当，将会涉及人流、物流和财流是否畅通，涉及生产活动能否顺利进行。因此，必须合理规划用地，认真计算各类设施用量，科学设计场地平面布置。

1. 现场设施种类

大型焊接结构工程项目施工现场设施按照类型分为两大类：一类是房屋设施，主要有办公用房、各专业工序作业棚（场）、电工房、机修间、机具保管室、焊材保管室、气瓶储放室、物料场（仓库）等；另一类是管线设施，包括供水管线、供电网路、供气管线、供热管线等。按照用途分类，又可分为生产设施、行政办公设施和生活设施。本节将着重介绍各类生产设施的组织技术。

2. 现场房屋设施的一般要求

现场房屋设施的组织应结合现场的具体情况，统筹安排、合理布置、厉行节约、反对浪费，一般要求做到以下几点：

1）布点要适应生产需要，方便职工上下班。

2）尽量靠近已有交通线路，或即将修建的正式或临时交通线路。

3）野外场地要远离洪水、泥石流、滑坡、陡岩危险区域，否则应有防保措施。

4）尽量利用施工现场或附近已有的建筑物，包括拟拆除可暂时利用的建筑物。在新开辟地区，应尽可能提前修建可以利用的永久性建筑。

5）必须修建的临时房屋设施，应以经济、实用为原则，合理选择形式，如充分利用当地材料和旧料，制成装拆式或移动式设施，以便于重复使用。

6）各种房屋设施均应符合安全防火要求。

3. 办公用房的布置与要求

1）办公用房一般应布置在现场进出口附近，以便能兼顾内外联络的需要。

2）办公用房与生活用房应适当隔离，以减少相互干扰的影响。

3）如果条件许可，办公用房应尽量设置在场区的上风方向。

4）办公用房面积的计算公式为

$$现场办公室面积=(3\sim4\text{m}^2/人)\times现场技术职员人数$$

4. 物资储存临时设施

（1）仓库的类型　仓库按照堆放材料的种类可分为原材料仓库、半成品仓库；按其在工程项目中所起的作用，可分为转运仓库、中心仓库（总仓库）、现场仓库。各类仓库按其储存材料的性质和贵重程度可采用露天式（堆场）、半封闭式（棚）和封闭式（库房）三种存放形式。大宗材料（或结构零件）一般应直接运往使用地点堆放，以减少施工现场的二次搬运。

（2）仓库材料的储备量　确定仓库内的材料储备量，一方面要做到能保证生产的正常需要，另一方面又不宜储存过多，以免加大仓库面积，积压资金。通常，储备量应根据现场条件、供应条件和运输条件来确定。如场地狭小的储备量可小些；生产受季节性影响的材料，必须考虑中断因素，储备量可大些；水运材料则需考虑枯水期及严寒影响航运问题，储备量可大些；加工周期较长的材料，也应考虑加大储备量等。另外，还需考虑供料制度中有的材料要求一次储备的情况。

1）长期项目的材料储备，一般按年、季组织储备，其计算公式为

$$q_1=K_1Q_1 \tag{1-3}$$

式中　q_1——某项材料总储备量；

K_1——储备系数，不经常使用的材料取0.3～0.4，经常使用的材料取0.2～0.3；

Q_1——该项材料最高年、季需用量。

总储备量（q_1）包含为本工程使用已经落实的材料，如已进入转运仓库和中心仓库的材料，以及有货源并签订了供货合同的地方材料。

2）短期项目的材料储备，应保证工程连续施工的需要，其储备量计算公式为

$$q_2 = n\ Q_2 / T \tag{1-4}$$

式中　q_2——某项材料总储备量；

n——储备天数；

Q_2——计划期间内需用的材料数量；

T——需用该项材料的施工天数，大于 n。

（3）仓库面积的计算

1）按材料储备期计算。其计算公式为

$$F = q/p \tag{1-5}$$

式中　F——仓库面积（m^2），包括通道面积；

p——每平方米仓库面积上存放材料的数量，见表1-7；

q——材料储备量，用于长期项目为 q_1，用于短期项目为 q_2。

表1-7　仓库面积计算所需参考指标

序　号	材料名称	单　位	储备天数/天	每平方米储存量 $p/(t/m^2)$	堆置高度/m	仓库类型
1	钢板	t	40~50	2.4~2.7	1.0	露天
2	钢管 ϕ200mm 以上			0.5~0.6	1.2	
3	钢管 ϕ200mm 以下			0.7~1.0	2.0	
4	角钢			1.2~1.8	1.2	
5	工槽钢			0.8~0.9	0.5	
6	焊条		—	—	1.0	库房
7	焊丝					
8	焊剂					
9	氧气	瓶			立置瓶高	棚
10	二氧化碳					
11	乙炔					

2）按系数计算。适用于规划估算，计算公式为

$$F = \delta m \tag{1-6}$$

式中　F——所需仓库面积（m^2）；

δ——系数，见表1-8；

m——计算基数，见表1-8。

表1-8　按系数计算仓库面积参考资料

序号	名　称	计算基数 m	单位	系数 δ
1	五金杂品库	按年工程量计算	m^2/万元	0.1~0.2
2	工具库	按高峰年（季）平均全员人员计算	m^2/人	0.1~0.2
3	化工油漆危险品仓库	按年工程量计算	m^2/万元	0.05~0.1

（4）仓库最优的选点　大型焊接结构制作与安装工程，对各加工场地往往采用集中供应点布置的方案，这时供应点距离各使用点的运输吨·千米数越少，则越经济，越有利于减少成本的开支。因此，可以采用运筹学中的麦场作业法，确定材料仓库的最佳设库位置。

由于道路的形式不同，用麦场作业法确定最优设库点时，可分为以下两种情况。

1）当道路没有环路时，选择最优设库点可概括为四句话，即“道路没有圈，检查各个端，小半归邻站，够半就设库”。

2）当道路有环路时，数学上已经证明，最优设库点一定可以在某个加工场点或道路交叉点上找到。因此，先假定每个加工场点或道路交叉点为最优设库点，然后分别计算到各点的吨·千米数总和，其最小者为最优设库点。

因施工的影响因素很多，麦场作业法求出的最优设库点位置，应根据工程的实际情况再核定。对于分部工程，仓库就近现场设置。

1.1.4　除污器焊接生产车间管线设施

在施工现场，必须铺设临时的供水、供电管线，以满足生产、生活的需要。大型焊接结构的喷丸除锈工作使用压缩空气时，需铺设相应的供气管线。北方地区冬季的生产，还要考虑安装临时供热管线。因此，必须关注这些管道、线路的布线问题，以节约开支、减少动力损耗。

1. 优化线路技术

不论是何种管线，均应力求线路最短，优化线路最简单的方法是破圈选线法。由于各种管线多沿已定路边铺设，总会形成矩形、梯形和三角形等各种图形，破圈选线法就是在线路布置所形成的图形（圈）上，将每个圈的长边去掉，剩下图形如同树枝状，则树枝总长即为最短线路。

2. 供水

1）计算用水量。现场施工考虑的用水包括工序用水量 Q_1（如密封性试验的用水、水压试验的用水）、机械用水量 Q_2（如X射线检测仪的冷却用水）、现场生活用水量 Q_3［一般为20～60L/（人·班）］、生活区用水量 Q_4［一般为100～120L/（人·天）］、消防用水量 Q_5 等，现场总用水量 Q 的确定方法如下：

① 当 $Q_1+Q_2+Q_3+Q_4 \leqslant Q_5$ 时，则 $Q=Q_5+(Q_1+Q_2+Q_3+Q_4)/2$。

② 当 $Q_1+Q_2+Q_3+Q_4>Q_5$ 时，则 $Q=Q_1+Q_2+Q_3+Q_4$。

③ 当工程量少且 $Q_1+Q_2+Q_3+Q_4<Q_5$ 时，则 $Q=Q_5$。

2）选择水源。现场施工的临时供水水源，最好利用附近居民区或企业的现有供水管道，只有在现场附近没有现成的给水系统或现有管道无法利用时，才宜另外选取天然水源并构建临时给水系统。

① 天然水源种类：地面水，如江水、湖水、水库蓄水等；地下水，如泉水、井水等。

② 选择水源必须考虑下列因素：

a. 水量充沛可靠。

b. 达到生活饮用水、生产用水的水质要求。

c. 取水、输水、净水设施安全经济。

d. 施工、运转、管理、维护方便。

临时给水系统由取水设施、净水设施、储水池（或水塔）、输水管和配水管综合而成。其中，储水池的容量由每小时消防用水量决定，且不得小于 $20m^3$。

3）布置配水管网。布置配水管网的原则是在保证不间断的情况下，管道铺设越短越好，同时还应考虑在施工期间各段管网具有移动的可能性。一般为环形管网。

3. 供电

1）计算用电量。现场施工临时供电包括动力用电与照明用电两种，在计算用电量时，需考虑下列各点：

① 现场所使用的机械动力设备、其他电气工具及照明用电设备的数量。

② 施工高峰阶段同时用电的机械设备最高数量。

③ 各种机械设备在工作中使用的情况。

总用电量的计算公式为

$$P = 1.05 \sim 1.10(K_1 \sum P_1/\cos\varphi + K_2 \sum P_2 + K_3 \sum P_3 + K_4 \sum P_4) \tag{1-7}$$

式中 P——供电设备总需要容量（kW）；

P_1——电动机额定功率（kW）；

P_2——电焊机额定容量（kW）；

P_3——室内照明容量（kW）；

P_4——室外照明容量（kW）；

$\cos\varphi$——电动机的平均功率因数（在施工现场最高为0.75～0.78，一般为0.65～0.75）；

K_1、K_2、K_3、K_4——需要系数，见表1-9。

表1-9 需要系数

<table>
<tr><th rowspan="2">用电名称</th><th rowspan="2">数量</th><th colspan="2">需要系数</th><th rowspan="2">备注</th></tr>
<tr><th>K</th><th>数值</th></tr>
<tr><td rowspan="3">电动机</td><td>3～10台</td><td rowspan="4">K_1</td><td>0.7</td><td rowspan="8">施工需要电热时，应将其用电量计算进去</td></tr>
<tr><td>11～30台</td><td>0.6</td></tr>
<tr><td>30台以上</td><td>0.5</td></tr>
<tr><td>加工厂动力设备</td><td>—</td><td>0.5</td></tr>
<tr><td rowspan="2">电焊机</td><td>3～10台</td><td rowspan="2">K_2</td><td>0.6</td></tr>
<tr><td>10台以上</td><td>0.5</td></tr>
<tr><td>室内照明</td><td>—</td><td>K_3</td><td>0.8</td></tr>
<tr><td>室外照明</td><td>—</td><td>K_4</td><td>1.0</td></tr>
</table>

单班施工时，用电量计算可不考虑照明用电。

室内、外照明容量定额，可参照表1-10。

表1-10 室内、外照明用电参考资料

序号	室内照明	容量/(W/m^2)	序号	室外照明	容量
1	构件室内加工	10～12	1	室外安装焊接	2 W/m^2
2	仓库	2	2	材料堆放	0.8 W/m^2
3	办公室、实验室	6	3	车辆行人主要干道	2kW/km
4	宿舍	3	4	车辆行人非主要干道	1kW/km
5	食堂	5	5	警卫照明	1kW/km

由于照明用电量所占的比重较动力用电量要少得多，所以在估算总用电量时可以简化，只要在动力用电量之外再增加10%作为照明用电量即可。

2）电源选择及电力系统。施工现场临时供电电源可供选择方案有以下四种：

① 完全由现场附近的电力系统供电，包括在全面投入生产前做好永久性供电外线工程，设置变电站。

② 现场附近的电力系统只能供给一部分，需自行扩大原有电源或增设临时供电系统以补充其不足。

③ 利用附近的高压电力网，申请临时配电变压器。

④ 当施工现场位于边远地区，没有电力系统时，电力完全由临时电站供给。

在考虑临时供电电源方案时，应首先弄清以下五个方面的情况：

① 焊接结构制作及安装的工程量和施工进度。

② 各个施工阶段的电力需要量。

③ 施工现场的大小。

④ 用电设备在施工现场的分布情况和距离电源远近的情况。

⑤ 现有电气设备的容量。

当现场由附近高压电力网输电时，则需在工地上设降压变电所，把电压从110kV或35kV降到10kV或6kV，再由现场若干分变电所把电压从10kV或6kV降到380V或200V。变电所的有效供电半径为400～500m。

对于3kV、6kV、10kV的高压线路，可采用架空裸线，其电杆距离为40～60m，或埋设地下电缆。户外380V/220V的低压线路也采用裸线，只有与结构产品或脚手架等不能保持必要安全距离（1.5m）的地方采用绝缘导线，其电杆间距离为25～40m。分支线及引入线均应由电杆处接出，不得由两杆之间接出。

配电线路应尽量设在道路一侧，不得妨碍交通和机械的装、拆及运转，并要避开露天仓库、临时工棚用地。

室内低压动力线路及照明线路皆采用绝缘导线。

3）选择配电导线。导线截面的选择有三方面的要求：

① 按机械强度选择。导线必须保证不会因一般机械操作而折断。在各种不同铺设方式下，导线按机械强度所允许的最小截面积选用见表1-11。

表1-11　导线按机械强度所允许的最小截面积

导线用途		导线最小截面积/mm^2	
		铜　线	铝　线
照明用导线	户内用	0.5	2.5
	户外用	1.0	2.5
双芯软电线	用于吊灯	0.35	—
	用于移动式生产用电设备	0.5	—

（续）

导线用途		导线最小截面积/mm^2	
		铜线	铝线
多芯软电线及软电缆	用于移动式生产用电设备	1.0	—
绝缘导线固定架设在户内绝缘支持件上	间距为 2m 及以下	1.0	2.5
	间距为 6m 及以下	2.5	4.0
	间距为 25m 及以下	4.0	10.0
裸导线	户内用	2.5	4.0
	户外用	6.0	16.0
绝缘导线穿在管内		1.0	1.0
绝缘导线设在木槽板内		2.5	2.5
绝缘导线户外沿墙铺设		2.5	4.0
绝缘导线户外其他方式铺设		4.0	10.0

② 按允许电流选择。导线必须能承受负载电流长时间通过所引起的温升，有关计算公式可以在《电工学》书籍中查阅。

③ 按允许电压降选择。导线上引起的电压降必须在一定限度之内。配电导线截面的计算公式也同样可以在《电工学》书籍中查阅。

施工现场所选用的导线截面应能同时满足以上三项要求，即以求得的三个截面中的最大者为准，从电线产品目录中选用线芯截面。也可根据具体工程情况选择，如在作业线较长的现场，导线截面按电压降选定，在小负荷的架空线路中往往按机械强度选定。

4. 供气

焊接工程施工中，用到风动工具时，压缩空气供应一般采用移动式空压机分散供应。在工程规模较大、工程集中等特殊情况下，才考虑采用固定式临时空压机站，空压机站的服务半径最好在 0.5km 以内，气管干线的长度宜控制在 1.5～2.0km 范围内。

预热用的液化气供应，也宜采取集中供应。

5. 供热

北方地区严冬季节的现场施工，必须对建筑物内部如办公室、宿舍、食堂等予以采暖。通常可供利用的热源包括现有的热电站、热力管网或临时性的锅炉房。供热的准备工作应做好三项内容：计算采暖耗热量；确定蒸汽管道直径；选择供热线路。

计 划 单

学习领域	焊接生产管理			
学习情境 1	除污器生产项目的实施管理		学时	18 学时
任务 1.1	除污器生产实施的准备		学时	9 学时
计划方式	小组讨论			
序号	实施步骤		使用资源	
制订计划说明				
计划评价	评语：			
班级		第　　组	组长签字	
教师签字			日期	

决 策 单

<table>
<tr><td>学习领域</td><td colspan="7">焊接生产管理</td></tr>
<tr><td>学习情境 1</td><td colspan="5">除污器生产项目的实施管理</td><td>学时</td><td>18 学时</td></tr>
<tr><td>任务 1.1</td><td colspan="5">除污器生产实施的准备</td><td>学时</td><td>9 学时</td></tr>
<tr><td colspan="6">方案讨论</td><td>组号</td><td></td></tr>
<tr><td rowspan="16">方案决策</td><td>组别</td><td>步骤
顺序性</td><td>步骤
合理性</td><td>实施可
操作性</td><td>选用工具
合理性</td><td colspan="2">原因说明</td></tr>
<tr><td>1</td><td></td><td></td><td></td><td></td><td colspan="2"></td></tr>
<tr><td>2</td><td></td><td></td><td></td><td></td><td colspan="2"></td></tr>
<tr><td>3</td><td></td><td></td><td></td><td></td><td colspan="2"></td></tr>
<tr><td>4</td><td></td><td></td><td></td><td></td><td colspan="2"></td></tr>
<tr><td>5</td><td></td><td></td><td></td><td></td><td colspan="2"></td></tr>
<tr><td>1</td><td></td><td></td><td></td><td></td><td colspan="2"></td></tr>
<tr><td>2</td><td></td><td></td><td></td><td></td><td colspan="2"></td></tr>
<tr><td>3</td><td></td><td></td><td></td><td></td><td colspan="2"></td></tr>
<tr><td>4</td><td></td><td></td><td></td><td></td><td colspan="2"></td></tr>
<tr><td>5</td><td></td><td></td><td></td><td></td><td colspan="2"></td></tr>
<tr><td>1</td><td></td><td></td><td></td><td></td><td colspan="2"></td></tr>
<tr><td>2</td><td></td><td></td><td></td><td></td><td colspan="2"></td></tr>
<tr><td>3</td><td></td><td></td><td></td><td></td><td colspan="2"></td></tr>
<tr><td>4</td><td></td><td></td><td></td><td></td><td colspan="2"></td></tr>
<tr><td>5</td><td></td><td></td><td></td><td></td><td colspan="2"></td></tr>
<tr><td>方案评价</td><td colspan="7">评语：</td></tr>
<tr><td>班级</td><td></td><td>组长签字</td><td></td><td>教师签字</td><td></td><td colspan="2">月 日</td></tr>
</table>

工 具 单

场地准备	工具准备	资料准备
焊接专业一体化教室	A2 幅面图纸 彩色卡纸 剪刀 易事贴 打印机	焊接设备使用说明书 除污器产品图样 锅炉与压力容器生产规程 企业厂房图样

作 业 单

学习领域	焊接生产管理		
学习情境 1	除污器生产项目的实施管理	学时	18 学时
任务 1. 1	除污器生产实施的准备	学时	9 学时
作业方式	小组分析、个人解答、现场批阅、集体评判		
1	除污器焊接车间工位平面图		

作业解答：

2	除污器焊接车间设备需求计划

作业解答：

3	除污器焊接生产材料需求计划

作业解答：

作业评价：

班级		组别		组长签字	
学号		姓名		教师签字	
教师评分		日期			

检 查 单

学习领域	焊接生产管理			
学习情境 1	除污器生产项目的实施管理		学时	18 学时
任务 1.1	除污器生产实施的准备		学时	9 学时
序号	检查项目	检查标准	学生自查	教师检查
1	任务书阅读与分析能力，正确理解及描述目标要求	准确理解任务要求		
2	与同组同学协商，确定人员分工	较强的团队协作能力		
3	查阅资料能力，市场调研能力	较强的资料检索能力和市场调研能力		
4	资料的阅读、分析和归纳能力	较强的总结能力、报告撰写能力		
5	焊接生产计划编制能力	焊接生产计划的正确编制		
6	安全生产与环保	符合“5S”要求		
7	简单生产问题判断能力	问题处理得当		
检查评价	评语：			

班级		组别		组长签字	
教师签字				日期	

评 价 单

<table>
<tr><td colspan="2">学习领域</td><td colspan="9">焊接生产管理</td></tr>
<tr><td colspan="2">学习情境 1</td><td colspan="5">除污器生产项目的实施管理</td><td colspan="3">学时</td><td>18 学时</td></tr>
<tr><td colspan="2">任务 1. 1</td><td colspan="5">除污器生产实施的准备</td><td colspan="3">学时</td><td>9 学时</td></tr>
<tr><td>评价类别</td><td>评价项目</td><td>子项目</td><td>个人评价</td><td colspan="5">组内互评</td><td colspan="2">教师评价</td></tr>
<tr><td rowspan="15">专业能力（60%）</td><td rowspan="2">资讯（8%）</td><td>收集信息（4%）</td><td></td><td></td><td></td><td></td><td></td><td></td><td colspan="2"></td></tr>
<tr><td>引导问题回答（4%）</td><td></td><td></td><td></td><td></td><td></td><td></td><td colspan="2"></td></tr>
<tr><td>计划（5%）</td><td>计划可执行度（5%）</td><td></td><td></td><td></td><td></td><td></td><td></td><td colspan="2"></td></tr>
<tr><td rowspan="5">实施（12%）</td><td>工作步骤执行（3%）</td><td></td><td></td><td></td><td></td><td></td><td></td><td colspan="2"></td></tr>
<tr><td>功能实现（3%）</td><td></td><td></td><td></td><td></td><td></td><td></td><td colspan="2"></td></tr>
<tr><td>质量管理（2%）</td><td></td><td></td><td></td><td></td><td></td><td></td><td colspan="2"></td></tr>
<tr><td>安全保护（2%）</td><td></td><td></td><td></td><td></td><td></td><td></td><td colspan="2"></td></tr>
<tr><td>环境保护（2%）</td><td></td><td></td><td></td><td></td><td></td><td></td><td colspan="2"></td></tr>
<tr><td rowspan="2">检查（10%）</td><td>全面性、准确性（5%）</td><td></td><td></td><td></td><td></td><td></td><td></td><td colspan="2"></td></tr>
<tr><td>异常情况排除（5%）</td><td></td><td></td><td></td><td></td><td></td><td></td><td colspan="2"></td></tr>
<tr><td rowspan="2">过程（15%）</td><td>使用工具规范性（7%）</td><td></td><td></td><td></td><td></td><td></td><td></td><td colspan="2"></td></tr>
<tr><td>操作（分析设计）过程规范性（8%）</td><td></td><td></td><td></td><td></td><td></td><td></td><td colspan="2"></td></tr>
<tr><td>结果（5%）</td><td>结果质量（5%）</td><td></td><td></td><td></td><td></td><td></td><td></td><td colspan="2"></td></tr>
<tr><td>作业（5%）</td><td>作业质量（5%）</td><td></td><td></td><td></td><td></td><td></td><td></td><td colspan="2"></td></tr>
<tr><td rowspan="4">社会能力（20%）</td><td rowspan="2">团结协作（10%）</td><td>对小组的贡献（5%）</td><td></td><td></td><td></td><td></td><td></td><td></td><td colspan="2"></td></tr>
<tr><td>小组合作配合状况（5%）</td><td></td><td></td><td></td><td></td><td></td><td></td><td colspan="2"></td></tr>
<tr><td rowspan="2">敬业精神（10%）</td><td>吃苦耐劳精神（5%）</td><td></td><td></td><td></td><td></td><td></td><td></td><td colspan="2"></td></tr>
<tr><td>学习纪律性（5%）</td><td></td><td></td><td></td><td></td><td></td><td></td><td colspan="2"></td></tr>
<tr><td rowspan="2">方法能力（20%）</td><td>计划能力（10%）</td><td></td><td></td><td></td><td></td><td></td><td></td><td></td><td colspan="2"></td></tr>
<tr><td>决策能力（10%）</td><td></td><td></td><td></td><td></td><td></td><td></td><td></td><td colspan="2"></td></tr>
<tr><td>评价评语</td><td colspan="10">评语：</td></tr>
<tr><td>班级</td><td></td><td>组别</td><td></td><td colspan="2">学号</td><td colspan="2"></td><td>总评</td><td colspan="2"></td></tr>
<tr><td>教师签字</td><td colspan="2"></td><td>组长签字</td><td colspan="2"></td><td colspan="2">日期</td><td colspan="3"></td></tr>
</table>

任务 1.2　除污器生产实施管理

任　务　单

<table>
<tr><td>学习领域</td><td colspan="5">焊接生产管理</td></tr>
<tr><td>学习情境 1</td><td colspan="3">除污器生产项目的实施管理</td><td>学时</td><td>18 学时</td></tr>
<tr><td>任务 1.2</td><td colspan="3">除污器生产实施管理</td><td>学时</td><td>9 学时</td></tr>
<tr><td colspan="6">布置任务</td></tr>
<tr><td>工作目标</td><td colspan="5">通过本任务的学习，培养和锻炼学生具备以下几方面的能力：
1. 按照国际标准，对焊接车间所需焊接设备进行计划和管理的能力。
2. 按照相关标准，编制焊接生产施工方案的能力。
3. 按照相关标准，制订焊接生产施工进度计划的能力。
4. 利用现代化手段对信息进行收集并整理的能力。
5. 较强的办公软件应用能力。
6. 良好的表达能力。
7. 较强的沟通与团队合作能力。</td></tr>
<tr><td>任务描述</td><td colspan="5">根据焊接车间的特性设计除污器焊接生产施工现场平面布置图。根据现场设备编制除污器焊接生产施工方案。根据生产任务制订焊接生产施工进度计划。根据除污器的生产任务情况编制质量和安全保障措施，编制焊接生产车间的防火安全预案。在完成此任务的过程中需要了解除污器的焊接生产过程，了解除污器焊接生产所需的材料、设备、生产场地要求，并了解除污器生产的焊接工艺。</td></tr>
<tr><td>任务分析</td><td colspan="5">各小组对任务进行分析、讨论，并根据收集的信息，首先了解焊接生产车间的安全管理规定，根据工位内加工设备的种类，制订焊接工位安全管理办法，设计焊接工位布置图。需要查找的内容有：
1. 焊接生产计划的编制。
2. 焊接生产施工方案的编制。
3. 焊接生产施工进度计划的编制。
4. 焊接生产的质量和安全保障措施编制。
5. 焊接生产施工现场平面布置图的设计。</td></tr>
<tr><td>学时安排</td><td>资讯
2 学时</td><td>计划
2 学时</td><td>决策
2 学时</td><td>实施
2 学时</td><td>检查评价
1 学时</td></tr>
</table>

提供资料	1. 国际焊接工程师培训教程，2012 版。 2. 焊接生产与工程管理，张美清，机械工业出版社。 3. 现代焊接生产与管理，张建勋，机械工业出版社。 4. 焊接生产管理，吴金杰，高等教育出版社。 5. 焊接生产管理与检测，戴建树，机械工业出版社。
对学生的要求	1. 具有焊接专业基础知识（焊接方法与设备），通过专业实习，对焊接企业的产品及行业领域有一定的了解。 2. 具有独立思考、善于提问的学习习惯。能对任务书进行分析，能正确理解和描述目标要求。 3. 具有查阅资料和市场调研能力，具备严谨求实和开拓创新的学习态度。 4. 具备一定的观察理解和判断分析能力。 5. 具有团队协作、爱岗敬业的精神。 6. 具有一定的创新思维和勇于创新的精神。

资　讯　单

学习领域	焊接生产管理		
学习情境 1	除污器生产项目的实施管理	学时	18 学时
任务 1.2	除污器生产实施管理	学时	9 学时
资讯方式	实物、参考资料		
资讯问题	1. 除污器生产的焊接工艺过程及特点是什么？ 2. 如何正确设计除污器焊接生产施工现场平面布置图？ 3. 怎样正确制订除污器焊接生产施工方案？ 4. 如何进行焊接生产施工进度计划的编制？ 5. 如何制订除污器生产准备计划？ 6. 如何编制焊接生产质量管理条例？ 7. 如何制订除污器焊接生产安全保障措施？		
资讯引导	资讯问题 1、2、3、4 可参考《国际焊接工程师培训教程》，哈尔滨焊接技术培训中心。 资讯问题 5 可参考《焊工工艺与技能训练》，王长忠，中国劳动社会保障出版社，2007。 资讯问题 6 可参考《焊接生产管理与检测》，戴建树，机械工业出版社，2004。 资讯问题 7 可参考《焊接生产与工程管理》，张美清，机械工业出版社，2009。		

信　息　单

1.2.1　除污器焊接施工组织设计

1. 施工组织设计的内容

施工组织设计的内容通常包括项目（工程）概况、施工生产方案、施工生产进度计划、准备工作计划（大型、工期长的焊接结构生产必须考虑）、各项资源需要量计划、生产组织平面布置图、质量和安全保障措施、技术经济指标八个部分，它是项目计划在焊接生产项目中的具体表现。其作用如下：

1）施工组织设计是报批开工、备工、备料、备机和申请预付款的基本文件。

2）施工组织设计是施工单位开展施工作业、检查控制生产施工进展情况的重要文件。

3）施工组织设计是生产队组安排施工作业计划的主要依据。

4）施工组织设计是业主或客户配合施工、监理工程质量、支付工程款项的基本依据。

2. 施工组织设计的任务与要求

（1）施工组织设计的主要任务

1）通过精心部署安排，使得全场的施工作业能有条不紊、按部就班地按计划进行。

2）经过科学计算和比较，在保证生产质量的前提下，以较少的消耗求得最合理的工期。

3）按照节约开支、方便生产、有利生活的原则，进行现场临时设施的平面布置，以确保工作顺利进行。

4）在吸取以往经验教训的基础上，拟订出各种有关技术措施，以提高生产质量和生产率，确保安全生产。

（2）对施工组织设计的要求　施工组织设计作为一个重要的项目阶段，在项目施工中承上启下，因此必须防止其计划的失误或失败。由于工程项目的特殊性和计划在项目管理中的独特作用，对施工组织设计有以下特殊要求。

1）符合总目标。计划是为保证实现总目标（按质、按量、按时、低耗完成结构制作与安装）而做出的各种安排。目标是计划的灵魂，必须按照拟订的项目总目标、总任务做出详细的计划。计划人员首先必须详细地分析目标，明确任务。

2）符合实际。计划要有可行性，不能纸上谈兵。在实际工作中，计划的失误经常是由于不了解实际情况，缺少和实际工作人员沟通而造成的。

3）经济性要求。计划应充分考虑各项资源（人、机械设备、材料）的合理配置，以利于合理投入使用，降低生产成本。

4）全面性要求。要使项目顺利实施，必须安排各方面的工作，提供各种保证。施工组织设计必须包括项目实施的各个方面和各种要素，在内容上必须周密。

5）弹性要求。施工组织设计的种类计划是建立在预定的项目目标和施工方案、以往经验、环境状况以及对将来合理的预测基础上的，所以计划的人为因素较强。在计划的实施过程中，可能会由于各种各样的因素导致实际情况与原计划不符。这就要求各项计划在实施过程中能够适时调整以适应新的情况。

6）详细程度的要求。种类计划不应太细，太细则束缚实施者的活力，使下级失去创造力和主动精神，造成执行和变更的困难；也会导致信息处理量大，计划费用多。但如果种类计划太粗，又达不到指导实际工作和实施控制的要求，容易造成混乱。

7）风险分析的要求。应对可能发生的困难、问题和干扰做出预测，并提出预防措施。

3. 施工组织设计的编制原则和步骤

（1）施工组织设计的编制原则

1）遵循生产施工工艺及其技术规律，坚持合理的施工程序和施工顺序。

2）采用网络计划技术组织有节奏、均衡和连续的生产施工。

3）充分利用现有的机械设备，扩大机械化施工范围，提高机械化程度，改善劳动条件，提高劳动生产率。

4）尽量采用国内、外先进生产技术，科学地制订施工方案；提高产品及工程质量，确保安全生产；缩短工期，降低成本。

5）尽量减少临时设施，合理储存物资，减少物资运输量；科学地布置施工生产平面图，减少施工生产用地面积。

（2）施工组织设计的编制步骤

1）准备资料，熟悉情况。

2）编写项目（工程）概况。

3）拟订制作与安装施工方案，进行生产部署。

4）编制生产施工进度计划。

5）制订施工准备工作及资源需要量计划。

6）规划施工现场平面布置及加工厂车间定置。

7）拟订质量、安全技术措施。

4. 项目（工程）概况的编写

（1）项目特征　主要应编写以下内容：

1）项目概貌。叙述业主和项目（工程）名称、项目（工程）性质或用途、工程量、项目（工程）投资、工期期限以及合同或上级要求等。

2）结构特点。主要叙述产品的结构形式、主要外观尺寸、质量要求等。

（2）施工现场的自然条件　施工现场的自然条件应主要叙述以下内容：

1）地形地质。主要叙述现场的地理位置和地形、土层深度和相应土质、地下水位深度和水质等。

2）主要气象。主要叙述工地的主导风向、最大风力和时期、最高温度和持续时间、最低温度和持续时间、雨期时间和雨量等。

（3）现场施工的物资条件　主要叙述交通运输条件、水电供应条件、加工资源可供应情况、生活设施可利用情况等。

1.2.2　拟订生产施工方案和编制生产施工进度计划

生产施工方案的拟订是施工组织设计的核心内容。选择生产施工方案必须从保证工期、节约成本、提高质量三大目标出发，经慎重研究确定，做到方案技术可行、工艺先进、经济合理、措施得力、操作方便。

施工方案的拟订内容一般包括三个方面：①确定生产施工过程；②安排生产施工顺序；③明确生产工艺和施工方法，选择生产施工机械。

拟订生产施工方案是一个综合的、全面的分析和对比决策过程，既要考虑施工的技术措施，又必须考虑相应的施工组织措施，确保技术措施的落实。

在拟订生产施工方案之前，还应先考虑下面一些问题：水电的供应条件；生产施工阶段的划分；各阶段主导施工机械的型号、数量及供应条件；材料、外购件的供应条件；劳动力的供应情况；工期的限制等。这些问题作为编制方案时的初始依据，并在方案编制过程中逐步调整和完善。

1. 确定生产施工过程

确定生产施工过程是指为了简单明了地表达整个项目的进度计划活动，而选择具有代表性的生产施工项目作为安排计划的“生产施工过程”，即确定一系列项目活动。现代项目管理理论认为，项目活动不是简单的一道工序或一个工步，而是以实现一个完整的可交出物（零件、部件、产品）的任务组合。在一个项目中，没有统一规定应划分多少个“过程”，通常以“施工过程完整、项数简单明了”为原则。

焊接结构生产施工工程宏观上由制作与安装两个“大过程”组成。产品制作过程中，既可以将一个零件的制作（包括零件的下料、成形、焊接、检验等工序）定义为一个过程，也可以将部件的制作（包括零件制作、零件组装焊接）确定为一个过程。如钢制人行天桥，其制作过程可分为1～5轴南节段制作、5～7轴中节段制作、7～12轴北节段制作三个施工过程。又如图1-6所示的汽油储罐生产过程，分为储罐制作、储罐安装两大过程，其中储罐制作过程又包含筒体制作、封头制作、接管（含法兰）制作、支座制作等过程。

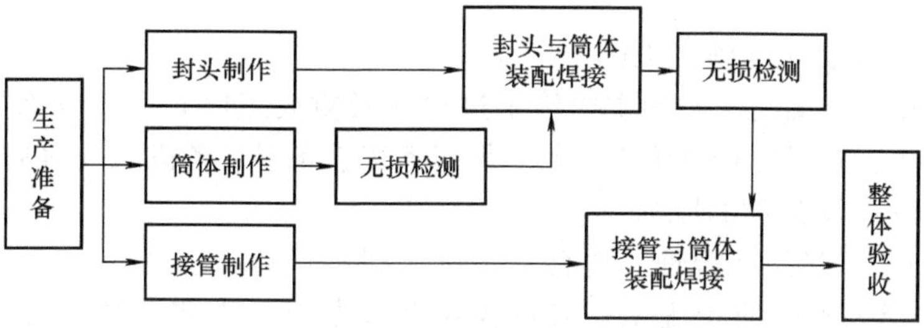

图1-6　汽油储罐制作的生产顺序图

在一些大型钢结构工程（如高层钢结构建筑、长距离压力管道等）施工中，往往还划分施工段，将整个工程分成几个施工段，当一个施工段完成后，再进行下一个施工段的施工，这样可以在施工段内形成流水作业，以较少的人员投入完成同样规格要求的工程任务，从而提高施工效率，避免停歇窝工，达到降低工程施工费用的目的。划分施工段的大小和多少没有具体的量性规定，但应遵循以下原则：① 施工段的大小应满足劳动组织所需工作面的要求；② 施工段与施工段之间的工程量差距最好控制在15%以内。

2. 安排生产施工顺序

安排生产施工顺序是指识别上述已确定的“过程”（或施工段）之间的相互关系与依赖关系，并据此对各“过程”的先后顺序进行安排和确定。它是制订项目进度计划的依据。编排的施工顺序需满足各种技术条件及要求，各个施工阶段要划分明确，同时要考虑各工种能进行交替作业，以有利于组织、调动和周转各种生产设备和人员，使其能发挥最大作用，避免各施工阶段脱节，提高生产率。施工顺序编排得恰当与否，会直接影响工程的经济性甚至工程质量。

“过程”排序所需的信息有：

（1）项目“过程”清单（含产出物描述） 以图1-6中所列产品为例，储罐制作包括筒体制作、封头制作、接管制作、支座制作、封头与筒体装配、接管与筒体装配、支座与筒体装配、密封性试验、油漆、现场吊装就位等。

（2）“过程”之间的必然依存关系 如接管与筒体装配“过程”的开展必须以完成接管制作“过程”和封头与筒体装配“过程”为前提。

（3）“过程”之间的人为依存关系 这种关系是项目管理者人为地、主观确定的关系。例如，为减少制作班组成员，可以人为地将接管制作“过程”安排在筒体制作“过程”之后。

（4）“过程”的外部依存关系 这种关系是指本项目团队与其他团队活动以及项目团队的项目活动与非项目活动之间的相互关系。例如，企业内仅有一台三辊卷板机，而该企业同时有多个生产项目在同时开展，都需要使用卷板机，这种情况就会干扰本项目“过程”的排序工作。

（5）“过程”的约束条件 项目所面临的各种资源与条件限制因素，同样会对排序造成影响。

安排生产施工顺序常采用顺序图法。该方法用单个节点（框）表示一项“过程”，用节点（框）之间的箭线表示“过程”之间的相互关系，如图1-6所示。其表现形式类似焊接工艺路线图。

3. 选定施工方法，选择施工机械

在拟订生产施工方案时，明确主要施工过程（及重要工序）采用什么施工方式和技术方法进行生产施工，是具体指导施工工作，做好备工、备料、备机的一项基本任务。

（1）选择施工方法遵循的原则

① 既便于施工，又经济合理。适合一个施工过程的施工方法一般有多种，应根据工程具体情况，选择一种既便于施工，又可少花钱多办事的方式。必要时还需通过一些经济比较计算进行选择。如球罐的组装过程，采用的散装法有两种方式：中心柱散装法和无中心柱散装法。无中心柱散装法可以省去中心柱安装的过程，节省了费用，但上、下温带板的固定却比较烦琐，调整也困难。在球罐壳板材质较好，吊装能力较强时，才可采用无中心柱散装法。

② 采用先进技术，提高施工质量。先进技术的作用主要表现在提高工效、降低成本、减少投入、增加产出等方面。焊接是焊接结构工程中最重要的工序之一，应尽量选用先进的焊接方法。针对排污器的焊接，可选用CO_2气体保护焊，与焊条电弧焊相比，具有无可比拟的优越性，主要表现为：电弧热量集中，焊接变形小；无焊渣，减少焊渣缺陷；焊缝金属含氢量低，抗冷裂能力强；对油、锈不敏感；全位置焊接成形美观；生产率高，节省能源，节约人工开支。如图1-7所示为CO_2弧焊机。

（2）选择施工机械 选择施工方法、施工技术时，应结合施工设备供应的具体情况综合考虑。在可能的情况下，施工方法一经确定，应尽量选择性能稳定、满足施工要求的机械设备，如采用CO_2气体保护焊技术时，用数字化焊机代替传统的晶闸管式焊机更易获得质优形美的焊接头等。

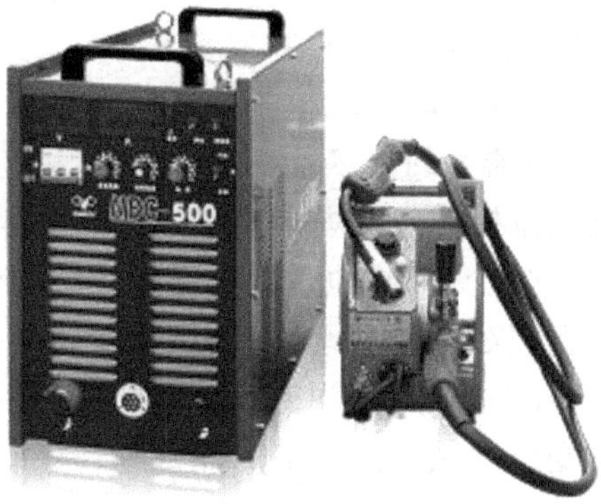

图 1-7　CO_2 弧焊机

（3）焊接变位机械的选用　焊接变位机械是改变焊件、焊机或焊工位置来完成机械化、自动化焊接的各种机械装置。焊接变位机械可分为以下三大类：

① 焊件变位机械。焊件变位机械包括焊接变位机、焊接滚轮架、焊接回转台和焊接翻转机。

焊接变位机是将工件回转、倾斜，将工件上的焊缝置于有利施焊位置的焊件变位机械。它主要用于机架、机座、法兰、封头等非长形工件的翻转变位和焊接，也可用于装配、切割、检验等。

焊接滚轮架是借助主动滚轮与工件之间的摩擦力带动筒形工件旋转的焊件变位机械。它主要用于筒形工件的装配与焊接，是除污器生产中的常用工艺装备。图 1-8 所示为自调心式焊接滚轮架。焊接滚轮架的主要技术指标见表 1-12。

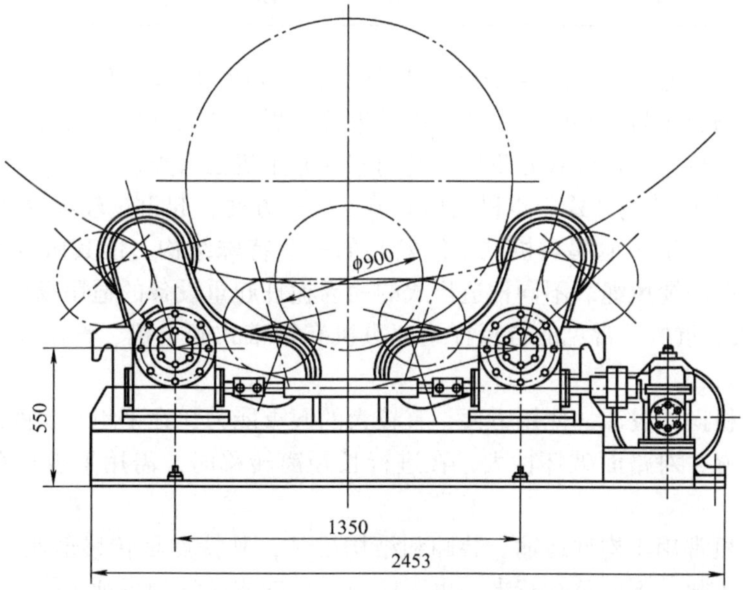

图 1-8　自调心式焊接滚轮架

焊接回转台是一种简化的变位机械，它将工件绕垂直轴回转或者固定某一角度倾斜回转，主要用于回转体工件的焊接、堆焊与切割。

焊接翻转机是将工件绕水平轴转动或倾斜，使之处于有利装焊位置的焊件变位机械。它主要适用于梁柱、框架、椭圆容器等的焊接。

② 焊机变位机械。焊机变位机械包括焊接操作机和电渣焊立架。

焊接操作机的作用是将焊接机头准确地送到并保持在待焊位置，或以选定的焊接速度沿规定的轨迹移动焊接机头。焊接操作机与焊接变位机、滚轮架等配合使用，可完成纵缝、环缝、螺旋缝的焊接，还可以用于自动堆焊、切割、检测、打磨、喷漆等作业。

③ 焊工变位机械。焊工变位机械包括焊工升降台等。

表 1-12 焊接滚轮架主要技术指标

规格型号	最大承载质量/t	适用工件范围/mm	滚轮直径和宽度/mm		滚轮线速度/(m/h)	电动机功率/kW	调速方式
			橡胶轮	金属轮			
HGZ5	5	$\phi250 \sim \phi2300$	$\phi250 \times 100$	$2 \times \phi240 \times 20$	6 ~ 60	2 × 0.37	变频调速
HGZ10	10	$\phi320 \sim \phi2800$	$\phi300 \times 120$	$2 \times \phi290 \times 25$	6 ~ 60	2 × 0.75	
HGZ20	20	$\phi500 \sim \phi3500$	$\phi350 \times 120$	$2 \times \phi340 \times 30$	6 ~ 60	2 × 1.1	
HGZ40	40	$\phi600 \sim \phi4200$	$\phi400 \times 120$	$2 \times \phi390 \times 40$	6 ~ 60	2 × 1.5	
HGZ60	60	$\phi750 \sim \phi4800$	$\phi450 \times 120$	$2 \times \phi440 \times 50$	6 ~ 60	2 × 2.2	
HGZ80	80	$\phi850 \sim \phi5000$	$\phi500 \times 120$	$2 \times \phi490 \times 60$	6 ~ 60	2 × 2.2	
HGZ100	100	$\phi1000 \sim \phi5500$	$\phi500 \times 120$	$2 \times \phi490 \times 80$	6 ~ 60	2 × 3	

（4）起重机械的选用　焊接结构的现场施工，必须考虑起重方法并选用适宜的起重设备，这关系到现场制作与安装的速度和经济效果等。焊接结构制作与安装工程中常用的起重机械有桅杆式起重机、自行杆式起重机和龙门架式起重机三大类。

① 桅杆式起重机。桅杆式起重机制作简单，装拆方便，起重量较大（可达 100t 以上），受地形限制小，能用于其他起重机械不能安装的一些特殊结构。但其服务半径小，移动困难，需要拉设较多的缆风绳。不同构造形式的简易桅杆起重设备的适用场合不同。

② 自行杆式起重机。常见的自行杆式起重机有履带式起重机、汽车式起重机和轮胎式起重机三种。

履带式起重机操作灵活，使用方便，有较大的起重能力，在平坦坚实的路面上可负载行走。但行走速度慢，对路面破坏性大，在进行长距离转移时，需用平板拖车或铁路平板车运输。

汽车式起重机常用于构件运输、装卸和结构吊装，其特点是转移迅速，对路面损伤小。但吊装时需使用支腿，不能负载行走，也不适于在松软或泥泞的场地工作。我国生产的汽车式起重机有 Q2 系列、QY 系列。如 QY－32 型，臂长 32m，最大起重量 32t。目前国产汽车式起重机最大起重量已达 65t，可满足重型构件的吊装需要。

③ 龙门架式起重机。龙门架构造简单、制作容易、用材少、装拆方便，适用于中小工程。龙门架在桥梁钢结构制作与安装中的应用较多。

4. 编制生产施工进度计划

生产施工进度计划是指在已确定的施工方案和工期要求的基础上，根据施工图样和劳动定额的计算，安排各施工过程之间相互搭接的关系和各自开工、完工时间的一套计划安排。通常以图表形式表示。

（1）编制生产施工进度计划的内容和步骤

1）确定生产施工“过程”项目。

2）计算各“过程”的工程量和劳动量。

3）初步计算各施工“过程”的施工人数，并计算各施工“过程”的施工天数。

4）按各施工过程或施工段施工顺序绘制施工进度计划图。

5）检查和调整施工进度计划。

（2）生产施工进度计划的形式　现场施工的工程项目常用的进度计划形式有横道图（又称甘特图）和网络进度计划两种。

横道图通常按照一定的格式编制，如图1-9所示，一般应包括下列几项内容：各生产施工过程项目（分项工程）名称、项目的具体内容、单个项目的持续时间、具体工作的时间安排。表格分为两部分，左边是“过程”的名称和相应的施工参数，右边是时间图表。生产施工横道图的好处是直观明了，通俗易懂。

序号	项目名称	项目内容	持续时间	月						月					
				5	10	15	20	25	30	5	10	15	20	25	30

图1-9　生产施工进度计划横道图

（3）生产施工进度计划的检查与调整　编制生产施工进度计划时，需考虑的因素很多。初步编制往往会出现一些问题。因此，初步进度计划完成后，还必须进行检查、调整。

对于初步施工进度计划，主要检查各生产施工过程的施工顺序、施工时间和项目的工期是否合理，劳动力、材料、机械设备的供应能否满足生产需要且是否均衡；另外，还要检查进度计划在绘制过程中是否出现错误。

经过检查，如发现有不合理的地方，就要调整。调整进度计划可以通过调整施工过程的工期、搭接关系或改变某些施工过程的施工方法等来实现。在调整某一分项时，要注意它对其他分项的影响。通过调整可使劳动力、材料的需要量更为均衡，主要设备的利用更为合理，避免或减少短期内资源供应的过分集中。

5. 编制资源需要量计划

根据项目施工进度计划及各分项“过程”对劳动力、材料、成品、半成品、设备等资源的不同需要量，计算出单位时间内对某种资源的需要量，即可得到与施工进度相应的资源需要量计划。再结合各种材料、成品、半成品在现场的储存量或储存天数，可编制出各种资源的供应计划、劳动力计划、机械设备进出场计划。

6. 绘制现场施工平面布置图

现场的平面布置需要根据现场条件认真筹划，力求布置合理，充分利用作业条件，使各工种能协同作业，各种施工设备能相互协调，发挥最大的效果。

现场施工平面布置的设计内容和步骤如下：

1）选择并确定制作场和预装场等作业区。要保证有足够的施工场地，同时要考虑经济性。预装场地的位置应尽可能靠近安装基础，并在起重设备的有效作业范围内，且与各施工道路相适应，进出料方便。

2）布置设备及专用工棚。焊接结构生产使用的焊机较多，应搭置专用工棚集中管理。焊机工棚要相对靠近作业场地，避免因电缆引出过长而影响焊接稳定性，并要通风良好、防止雨淋，要注意安全防火等问题。噪声较大的设备，离主要作业区远些为宜。

3）布置材料堆场和仓库。布置的内容应明确两个方面，即位置和面积。有关内容已在任务 1.1 中表述。但要特别提醒的是，对于易燃易爆物品，要单独设在远离主要设备和人员且材料出入较少的地方。

4）布置场内临时道路。为便于各种材料、设备的水平运输，施工道路应围绕主要作业区和材料仓库、堆场。凡有条件者，应将道路布置成环形路线，以便错车畅行；若无条件者，应在适当地点布置回车场地，以便回车和错车。道路的进出口最好分开布置，若不能分开，则进出口通道宽度不得小于 6m，以便进出车辆错位。

5）布置办公和生活临时设施，确定其面积和位置。

6）布置水电管网。

7. 拟订质量、安全技术措施

在项目生产施工过程中，由于施工人员的技术水平和重视程度的不同，会或大或小地影响工程质量的好坏和施工人员的生命安全。因此，在施工组织设计中，必须对容易发生的质量、安全事故，借用以往生产的经验教训和有关的规范、规程，事先提出一些具体的技术措施，以便防患于未然。

1）质量技术措施。质量技术措施是指对单位工程的一些主要施工环节，针对具体工程情况和施工条件，提出控制和保证施工质量所应采取的一些具体预防技术措施。具体措施内容应包含以下几个方面：

① 保证工程定位、放样准确无误的技术措施。

② 保证焊缝质量达标的技术措施。

③ 保证装配达到要求的技术措施。

④ 保证吊装到位的技术措施。

⑤ 拟订风、雪、雨期施工的技术措施。

2）安全技术措施。安全技术措施是指为确保单位工程的顺利进行和避免不必要的意外损失，在吸取以往工程经验教训的基础上，对预计施工过程中可能发生的一些问题和现象，提出具体的预防措施。这些措施的内容包含以下几个方面：

① 防止高空坠落、机具伤害、触电、物体打击等工伤事故的安全措施。

② 对易燃、易爆物品的严格管理和安全使用的技术措施。

③ 防火、防雷等防止自然灾害影响安全的技术措施。

④ 对从事有毒、有尘、有害气体操作人员的安全防护措施。

8. 钢结构冬季焊接施工工艺措施案例

因现场焊接作业区风速较大且环境温度较低，板料较厚，必须搭设挡风棚或防风围护，以确保焊接区电弧的稳定及焊缝的正常冷却条件。地面拼装焊接时，可搭设临时围护棚。高空作业时，可将焊接平台四周用帆布或棉布围起来，平台面用阻燃材料遮蔽严实，既挡风，又可以使焊渣、飞溅等留在平台上，不致造成火花下溅伤人。高空作业时，防风棚应设置可靠的固定装置，以防止被大风吹倒，危及焊接操作人员及相关人员的安全。如无有效防护措施，则停止焊接。当风速大于 8m/s 时，如无有效防护措施，则禁止进行焊条电弧焊的焊接；当风速大于 2m/s 时，如无有效防护措施，则应禁止进行气体保护焊的焊接。因冬季施焊前需对钢板进行预热，需使用氧乙炔焰加热，因此，在防风保温棚内必须设置必要的灭火器和灭火装置，同时配备看火人员。在高空焊接时，防风棚为易燃材料，应尤其注意防火，以免发生火灾时危及操作人员的安全，给工程造成重大损失。

焊接材料的选用应符合相关要求，见表 1-13。

表 1-13　焊接材料选用表

焊接方法 / 钢材牌号	实芯焊丝 CO_2 气体保护焊
Q345	E501T－1

焊接材料的使用也应符合相关规定。例如，药芯焊丝开包后一般应在 2～3 天内用完，在送丝机上过夜的焊丝应用塑料袋或帆布将其罩住，以免受潮。

1）焊接坡口表面及组装质量应符合下列要求：

① 焊接坡口可用火焰切割或机械方法加工。缺棱 1～3mm 时，应修磨平整；缺棱超过 3mm 时，应进行修补，并修磨平整。采用机械方法加工坡口时，加工表面不应有台阶。

② 焊接前，应清除焊接坡口表面的积雪、结冰或露水、氧化皮、锈、油污等杂物，并露出金属光泽。

③ 严禁在接头间隙中填塞焊条头、铁块等杂物。

2）引弧板、引出板应符合下列要求：

① 不应在焊缝以外的母材上打火、引弧。

② 在焊接接头的端部设置对齐的焊缝引弧板、引出板，在提供的延长段上引弧和熄弧。气体保护电弧焊时，焊缝引出长度宜大于 25mm。

③ 焊接完成且焊缝完全冷却后，采用火焰切割法除去引弧板和引出板，并修磨焊缝端部至平整。严禁用锤子击落引弧板和引出板。

④ 定位焊缝厚度不宜超过设计焊缝厚度的 2/3，定位焊缝的长度至少为 40mm，间距宜为 500～600mm，并应填满弧坑。当定位焊缝上有气孔或裂纹时，必须清除后重焊。

3）焊前预热温度应符合表 1-14 的规定。

表 1-14 最低预热温度要求 （单位：℃）

钢材牌号	接头最厚部件的板厚 t/mm			
	$20 < t \leqslant 40$	$40 < t \leqslant 60$	$60 < t \leqslant 80$	$t > 80$
Q345	20	60	80	100

4）预热方法及层间温度控制的要求如下：

① 焊前预热及层间温度的控制采用氧乙炔焰加热方法，并采用表面测温仪或红外测温仪进行测量。采用氧乙炔焰加热方法进行预热时，氧乙炔焰应沿坡口慢慢往复均匀移动，使温度渗透至母材全厚度。移动时焊枪喷嘴端面应与构件保持约 80mm 的距离，要使用中性焰，并勿将火焰焰心对着构件，以免使表面过度氧化。

② 预热的加热区域应在焊接坡口两侧，宽度应各为焊件施焊处厚度的 1.5 倍以上，且不小于 100mm；预热温度宜在焊件反面测量，测量点应在离电弧经过前的焊接点各方向不小于 75mm 处；当用火焰加热方法预热时，正面测温应在加热停止后进行。预热后，应由检验员测定确认后方可通知焊工开始施焊，并做好记录。

③ 层间温度应小于 230℃，但不应低于最低预热温度。

5）焊接参数应符合表 1-15 的规定。

表 1-15 焊接参数

焊接方法	焊丝规格/mm	焊接位置	电流/A	电压/V	焊接速度/(cm/min)
药芯焊丝 CO_2 焊	ϕ1.2	平焊	220～280	28～34	20～40
		横焊	220～280	28～34	20～45
		立焊	140～200	22～28	10～15
		仰焊	100～160	18～26	8～12

注：保护气体流量为 20～25L/min。

焊接过程应连续，控制道间温度小于 230℃，下限不应低于预热温度。中途如需终止焊接，则应焊接至少完成 2/3 深坡口，并应立即覆盖多层石棉布、保温棉等保温；在继续焊接前还应加热至预热温度以上。焊接采用多层多道焊，多层焊施工应符合下列要求：多层焊接时应连续施焊，每一焊道焊接完成后应及时清理焊渣及表面飞溅物，发现影响焊接质量的缺陷时，应清除后方可再焊。每道焊缝的焊接均不应低于最低预热温度，如低于此温度应进行加热。多层多道焊时，还应控制好搭接宽度，搭接宽度宜为 1/3～1/2 焊道宽。盖面焊缝应注意焊缝的表面成形，具体要求为：① 坡口两侧母材覆盖量应控制为 2～3mm；② 余高应为 0～4mm；③ 焊缝边缘平滑过渡至母材；④ 焊道间搭接凹陷宜控制在 1mm 以下，否则应进行打磨修饰。

焊接结束后，应立即采取焊后保温缓冷措施。应由现场检验员对上述规定的工艺措施进行监督检查，并认真做好施工记录，对于预热温度的检测必须由检验员复核确认后方可施焊。

焊接质量检验应在焊接结束 24h 后进行。焊后对焊缝表面进行打磨修饰，焊缝外观质量与外形尺寸要求等应满足图样要求。焊缝内部质量等级为 Ⅰ 级时，则应进行 100% 的 UT 检测（超声检测）。

6）焊接缺陷的返修。对于焊缝表面缺陷，如超标缺陷为夹渣、焊瘤、余高过大或接头鼓凸等，应采用砂轮打磨修饰等加以清除，必要时应进行焊补；对于焊缝尺寸不足，局部缺肉、凹陷、低洼、咬边、弧坑未填满或角焊缝过渡不良等缺陷，应进行焊补，而后打磨修饰。对于无损检测确定的焊缝内部存在的超标缺陷，在返修前应首先根据无损检测报告确定的缺陷位置、深度、大小、长短等采用砂轮打磨或炭弧气刨清除缺陷；当缺陷为裂纹时，炭弧气刨前应在裂纹两端钻止裂孔，并清除裂纹及其两端各50mm长的焊缝或母材。清除缺陷时，刨槽底部应加工成圆弧形，而前、后、左、右侧边等均应加工成斜坡，近似焊接坡口。炭弧气刨清除裂纹时，应逐层炭弧气刨并用肉眼认真观察与检查裂纹的形态，直至彻底清除为止，但应注意左右侧的形态，应形似坡口边，前后也应刨削成斜坡。炭弧气刨后采用砂轮认真打磨，彻底清除渗碳层与残留焊渣，底部应呈圆弧状。必要时还应采用磁粉检测方法确定裂纹是否彻底清除。焊接返修的预热温度应比相同条件下正常焊接的预热温度高30～50℃。焊接返修时应在坡口内引弧，熄弧时应填满弧坑，不应在焊缝以外的母材上打火、引弧。多层焊时，焊层之间的接头应错开，焊缝长度一般应不小于100mm，当焊缝长度超过500mm时，应采用分段退焊法。焊接返修应选择焊接操作技能高超和生产实践经验丰富的焊工，返修前应做好技术交底。返修焊接应连续进行，但应控制层间温度小于230℃。焊接过程中宜采用锤击法做局部消除应力处理，但打底焊缝及盖面焊缝禁止用锤击法。同一部位返修不宜超过两次，焊缝正、反面各作为一个部位。返修焊接时应由焊接技术人员到场进行技术交底，并进行指导和监督。

1.2.3 焊接施工组织设计的贯彻与检查

1. 施工组织设计的贯彻

（1）做好施工组织设计的交底工作　经过审批的施工组织设计，在开工前要召开各级生产和技术会议，逐级进行交底，详细讲解其内容和要求、施工关键和保证措施；责成生产计划部门编制具体的实施计划；责成技术部门拟定实施的技术细则，保证施工组织设计的顺利贯彻执行。

（2）制定各项有关规章制度　实践经验证明，有了科学的、健全的规章制度，施工组织设计才能顺利实施，企业才能维持正常的生产秩序。因此，必须建立、健全各项规章制度。

（3）推行技术经济承包制　采用技术经济承包方法，把技术经济责任同职工的物质利益结合起来，便于相互监督和激励，这是贯彻施工组织设计的重要手段之一。如节约材料奖、技术进步奖和优良工程综合奖等，都是推行技术经济承包制的有效形式。

（4）搞好统筹安排与综合平衡　工程开工后，要做好人力、物力和财力的统筹安排，保持合理的施工规模，既保证施工顺利进行，又能带来良好的经济效果。

2. 施工组织设计的检查

施工组织设计的检查内容包括：工程进度、工程质量、材料消耗、劳动消耗、机械使用和成本费用、生产施工现场平面布置等情况。要把主要指标的数量检查与其相应的施工内容、方法等检查结合起来，发现其差异；然后采用分析法和综合法，研究差异或问题产生的原因，找出影响施工组织设计贯彻的障碍，并制订切实可行的改进措施。

计　划　单

<table>
<tr><td>学习领域</td><td colspan="4">焊接生产管理</td></tr>
<tr><td>学习情境 1</td><td colspan="2">除污器生产项目的实施管理</td><td>学时</td><td>18 学时</td></tr>
<tr><td>任务 1.2</td><td colspan="2">除污器生产实施管理</td><td>学时</td><td>9 学时</td></tr>
<tr><td>计划方式</td><td colspan="4">小组讨论</td></tr>
<tr><td>序号</td><td>实施步骤</td><td colspan="3">使用资源</td></tr>
<tr><td></td><td></td><td colspan="3"></td></tr>
<tr><td></td><td></td><td colspan="3"></td></tr>
<tr><td></td><td></td><td colspan="3"></td></tr>
<tr><td></td><td></td><td colspan="3"></td></tr>
<tr><td>制订计划说明</td><td colspan="4"></td></tr>
<tr><td>计划评价</td><td colspan="4">评语：</td></tr>
<tr><td>班级</td><td></td><td>第　　组</td><td>组长签字</td><td></td></tr>
<tr><td>教师签字</td><td colspan="2"></td><td>日期</td><td></td></tr>
</table>

决 策 单

<table>
<tr><td>学习领域</td><td colspan="6">焊接生产管理</td></tr>
<tr><td>学习情境 1</td><td colspan="4">除污器生产项目的实施管理</td><td>学时</td><td>18 学时</td></tr>
<tr><td>任务 1.2</td><td colspan="4">除污器生产实施管理</td><td>学时</td><td>9 学时</td></tr>
<tr><td colspan="5">方案讨论</td><td>组号</td><td></td></tr>
<tr><td rowspan="16">方案决策</td><td>组别</td><td>步骤
顺序性</td><td>步骤
合理性</td><td>实施可
操作性</td><td>选用工具
合理性</td><td>原因说明</td></tr>
<tr><td>1</td><td></td><td></td><td></td><td></td><td></td></tr>
<tr><td>2</td><td></td><td></td><td></td><td></td><td></td></tr>
<tr><td>3</td><td></td><td></td><td></td><td></td><td></td></tr>
<tr><td>4</td><td></td><td></td><td></td><td></td><td></td></tr>
<tr><td>5</td><td></td><td></td><td></td><td></td><td></td></tr>
<tr><td>1</td><td></td><td></td><td></td><td></td><td></td></tr>
<tr><td>2</td><td></td><td></td><td></td><td></td><td></td></tr>
<tr><td>3</td><td></td><td></td><td></td><td></td><td></td></tr>
<tr><td>4</td><td></td><td></td><td></td><td></td><td></td></tr>
<tr><td>5</td><td></td><td></td><td></td><td></td><td></td></tr>
<tr><td>1</td><td></td><td></td><td></td><td></td><td></td></tr>
<tr><td>2</td><td></td><td></td><td></td><td></td><td></td></tr>
<tr><td>3</td><td></td><td></td><td></td><td></td><td></td></tr>
<tr><td>4</td><td></td><td></td><td></td><td></td><td></td></tr>
<tr><td>5</td><td></td><td></td><td></td><td></td><td></td></tr>
<tr><td>方案评价</td><td colspan="6">评语：</td></tr>
<tr><td>班级</td><td></td><td>组长签字</td><td></td><td>教师签字</td><td></td><td>月 日</td></tr>
</table>

工　具　单

场地准备	工具准备	资料准备
焊接专业一体化教室	A2 幅面图纸 彩色卡纸 剪刀 易事贴 打印机	焊接设备使用说明书 除污器产品图样 锅炉与压力容器生产规程 企业厂房图样

作　业　单

学习领域	焊接生产管理		
学习情境 1	除污器生产项目的实施管理	学时	18 学时
任务 1.2	除污器生产实施管理	学时	9 学时
作业方式	小组分析、个人解答、现场批阅、集体评判		
1	除污器焊接生产施工现场平面布置图		

作业解答：

2	除污器焊接生产施工方案
作业解答：	
3	除污器焊接生产施工进度计划
作业解答：	
作业评价：	

班级		组别		组长签字	
学号		姓名		教师签字	
教师评分		日期			

检 查 单

<table>
<tr><td>学习领域</td><td colspan="4">焊接生产管理</td></tr>
<tr><td>学习情境 1</td><td colspan="2">除污器生产项目的实施管理</td><td>学时</td><td>18 学时</td></tr>
<tr><td>任务 1.2</td><td colspan="2">除污器生产实施管理</td><td>学时</td><td>9 学时</td></tr>
<tr><td>序号</td><td>检查项目</td><td>检查标准</td><td>学生自查</td><td>教师检查</td></tr>
<tr><td>1</td><td>任务书阅读与分析能力，正确理解及描述目标要求</td><td>准确理解任务要求</td><td></td><td></td></tr>
<tr><td>2</td><td>与同组同学协商，确定人员分工</td><td>较强的团队协作能力</td><td></td><td></td></tr>
<tr><td>3</td><td>查阅资料能力，市场调研能力</td><td>较强的资料检索能力和市场调研能力</td><td></td><td></td></tr>
<tr><td>4</td><td>资料的阅读、分析和归纳能力</td><td>较强的总结能力、报告撰写能力</td><td></td><td></td></tr>
<tr><td>5</td><td>焊接生产能力的计算能力</td><td>焊接生产能力计算正确</td><td></td><td></td></tr>
<tr><td>6</td><td>安全生产与环保</td><td>符合“5S”要求</td><td></td><td></td></tr>
<tr><td>7</td><td>简单生产问题判断能力</td><td>问题处理得当</td><td></td><td></td></tr>
<tr><td>检查
评价</td><td colspan="4">评语：</td></tr>
<tr><td>班级</td><td></td><td>组别</td><td></td><td>组长签字</td></tr>
<tr><td>教师签字</td><td colspan="2"></td><td>日期</td><td></td></tr>
</table>

评 价 单

学习领域	焊接生产管理		
学习情境 1	除污器生产项目的实施管理	学时	18 学时
任务 1. 2	除污器生产实施管理	学时	9 学时

评价类别	评价项目	子项目	个人评价	组内互评					教师评价
专业能力（60%）	资讯（8%）	收集信息（4%）							
		引导问题回答（4%）							
	计划（5%）	计划可执行度（5%）							
	实施（12%）	工作步骤执行（3%）							
		功能实现（3%）							
		质量管理（2%）							
		安全保护（2%）							
		环境保护（2%）							
	检查（10%）	全面性、准确性（5%）							
		异常情况排除（5%）							
	过程（15%）	使用工具规范性（7%）							
		操作（分析设计）过程规范性（8%）							
	结果（5%）	结果质量（5%）							
	作业（5%）	作业质量（5%）							
社会能力（20%）	团结协作（10%）	对小组的贡献（5%）							
		小组合作配合状况（5%）							
	敬业精神（10%）	吃苦耐劳精神（5%）							
		学习纪律性（5%）							
方法能力（20%）	计划能力（10%）								
	决策能力（10%）								
评价评语	评语：								

班级		组别		学号		总评	
教师签字		组长签字		日期			

学习情境 2

除污器焊接生产的质量管理

【工作目标】

通过本情境的学习，使学生具备以下的能力：

1. 根据企业生产需求，制订焊接检验人员培训与考试计划的能力。
2. 具备焊接生产图样的识读能力。
3. 利用现代化手段对信息进行收集并整理的能力。
4. 焊接生产工程质量控制的能力。
5. 具备构建焊接生产质量管理体系的能力。

【工作任务】

1. 除污器生产过程中焊接检验流程的设计。
2. 除污器焊接检验方法的选择。
3. 除污器焊接检验工艺参数的制订。
4. 除污器焊接生产质量控制体系的建立。
5. 除污器焊接生产质量的控制。

【情境导入】

在某厂除污器生产车间实习的学生，被任命为焊接车间生产质检员。根据焊前质量检验、焊接过程质量检验和焊接成品质量检验的顺序，分析除污器生产过程中的质量控制要点，编制除污器焊接生产过程质量管理方案，提高除污器的产品质量，提高企业的焊接生产质量管理水平。结合全面质量管理体系和 ISO 9000 管理体系，确定产品质量控制方案及质量控制流程图；建立除污器产品质量档案。如图 2-1 所示为焊接现场的超声检测。

图 2-1　焊接现场的超声检测

任务 2.1　除污器生产过程的质量管理

任　务　单

<table>
<tr><td>学习领域</td><td colspan="5">焊接生产管理</td></tr>
<tr><td>学习情境 2</td><td colspan="3">除污器焊接生产的质量管理</td><td>学时</td><td>12 学时</td></tr>
<tr><td>任务 2.1</td><td colspan="3">除污器生产过程的质量管理</td><td>学时</td><td>6 学时</td></tr>
<tr><td colspan="6">布置任务</td></tr>
<tr><td>工作目标</td><td colspan="5">通过本任务的学习，培养和锻炼学生具备以下几方面的能力：
1. 按照国际标准，对焊接生产质量控制的能力。
2. 按照相关标准，对焊接产品进行检验的能力。
3. 利用现代化手段对信息进行收集并整理的能力。
4. 较强的办公软件应用能力。
5. 较强的沟通与团队合作能力。</td></tr>
<tr><td>任务描述</td><td colspan="5">根据焊前、焊中和焊后的顺序，分析除污器生产中的质量控制要点，编制除污器焊接生产过程质量管理方案；根据产品质量的要求编制质量管理体系。在完成此任务的过程中，需要了解除污器的焊接生产特点，了解除污器焊接检验的种类和特点，并了解除污器生产的焊接检验工艺及要点。</td></tr>
<tr><td>任务分析</td><td colspan="5">各小组对任务进行分析、讨论，并根据收集的信息，首先了解焊接生产过程的质量控制要点，编制除污器焊接生产过程质量管理方案。需要查找的内容有：
1. 焊前质量控制要点。
2. 施焊过程质量控制要点。
3. 焊后成品的质量控制要点。
4. 焊接检验方法的选择及实施。</td></tr>
<tr><td>学时安排</td><td>资讯
0.5 学时</td><td>计划
1 学时</td><td>决策
0.5 学时</td><td>实施
3 学时</td><td>检查评价
1 学时</td></tr>
<tr><td>提供资料</td><td colspan="5">1. 国际焊接工程师培训教程，2012 版。
2. 焊接生产与工程管理，张美清，机械工业出版社。
3. 现代焊接生产与管理，张建勋，机械工业出版社。
4. 焊接生产管理，吴金杰，高等教育出版社。
5. 焊接生产管理与检测，戴建树，机械工业出版社。</td></tr>
</table>

对学生的要求	1. 具有焊接专业基础知识（焊接方法与设备），通过专业实习，对焊接企业的产品及行业领域有一定的了解。 2. 具有独立思考、善于提问的学习习惯。能对任务书进行分析，能正确理解和描述目标要求。 3. 具有查阅资料和市场调研能力，具备严谨求实和开拓创新的学习态度。 4. 具备一定的观察理解和判断分析能力。 5. 具有团队协作、爱岗敬业的精神。 6. 具有一定的创新思维和勇于创新的精神。

资 讯 单

学习领域	焊接生产管理		
学习情境 2	除污器焊接生产的质量管理	学时	12 学时
任务 2.1	除污器生产过程的质量管理	学时	6 学时
资讯方式	实物、参考资料		
资讯问题	1. 焊前质量控制包括哪些内容？ 2. 焊接原材料如何检验？ 3. 焊接辅助工作应注意哪些问题？ 4. 如何对焊接规范进行检验？ 5. 如何检查焊缝尺寸？ 6. 焊后成品检验包括哪些内容？		
资讯引导	资讯问题 1、2 可参考《国际焊接工程师培训教程》，哈尔滨焊接技术培训中心，2012。 资讯问题 3、4 可参考《焊接生产管理与检测》，戴建树，机械工业出版社，2004。 资讯问题 5、6 可参考《焊接生产与工程管理》，张美清，机械工业出版社，2009。		

信 息 单

2.1.1 焊接生产前的质量控制

为了确保焊接结构的完整性、可靠性、安全性和使用性，除了焊接技术和焊接工艺的要求以外，焊接检验是焊接结构质量管理的重要一环。焊接检验在生产中具有保证生产正常进行，预防焊接缺陷以及提供质量管理信息的作用。因此，焊接检验与焊接生产是平行互动的，是开展焊接生产质量管理的主要具体工作。

焊接检验必须按照焊接结构的设计说明书进行，或者按照合同的约定进行。通过焊接检验可以保证生产顺利进行，确定焊接产品的合格性。

1. 焊接质量检验的步骤

焊接质量检验是一个细致的过程，一般包括以下几个步骤：

（1）明确质量要求　根据焊接技术标准和生产工艺的考核指标，确定检测项目和各项目的质量标准，确定检测员的职责，使检测员熟悉检测项目。

（2）进行项目检测　采用一定方法和手段测试被检测的对象，得到质量特性值和结果。

（3）评定测试结果　将检测得到的结果同质量要求进行比较，确定检测对象的级别，判定其合格与否。

（4）报告检测结果　不论合格与否，都要用书面或标记的形式做出结论。

2. 焊接质量检验的职能

焊接质量检验的职能具体可以归纳为三个方面：

（1）质量保证的职能　也就是把关的职能，通过对焊接原材料、工序、半成品和成品的检测，做到不合格的原材料不投产，不合格的工序和半成品不流转到下一道工序，不合格的成品不出厂。

（2）缺陷预防的职能　检测获得的信息和数据是质量控制的依据。通过检测结果可以及早发现生产过程中的质量问题，并找出原因及时纠正、预防，减少不合格焊缝的产生。

（3）结果报告的职能　从检测中得到的各种数据和记录，经过分析，形成一定形式的书面报告存档备查。同时，把对这些数据和记录所做的分析和评价结果报告有关部门，为改进焊接工艺、提高产品质量、加强质量管理提供信息和依据。

焊接质量检验的三种职能中，最基本、最主要的还是质量保证的职能。因此，健全检验机制、改善检测手段、加大检测力度、完善检测的标准化工作是十分必要的。焊接质量检验是全面质量管理的重要组成部分，在推行全面质量管理的过程中，不能放松和削弱检验工作，只有这样，才能从根本上解决焊缝及其产品的质量问题。

3. 焊接检验的依据

（1）焊接结构设计说明书　根据焊接结构设计说明书，对产品在制造中的焊接接头的各项技术条件，如接头的等级要求、力学性能指标、工艺参数等进行必要的检测。

（2）焊接技术标准　焊接技术标准规定了焊接产品的质量要求和质量评定方法，是从事检验工作的指导性文件。

（3）工艺文件　工艺文件包括焊接工艺规程、焊接检测规程、焊接检测工艺等，它们具体规定了检测方法和检测程序，指导现场检测人员进行工作。

（4）订货合同　订货合同明确指出客户对焊接质量的要求，可作为图样和技术文件的补充规定。

（5）焊接施工图样　焊接施工图样是最为简便的检测文件，尤其是工序检测。

（6）焊接质量管理制度　焊接质量管理制度包含质量的检测，可以直接或者间接作为焊接检验的依据。

4. 焊接原材料检验

焊接结构使用的金属材料种类很多，即使同种类的金属材料也有不同的型号。使用时应根据金属材料的型号、出厂质量检验证明书（合格证）加以鉴定。同时，还须做外部检查和抽样复核，以发现在运输过程中产生的外部缺陷和防止型号错乱。对于有严重外部缺陷的，应挑出不用。对于没有出厂合格证或新使用的材料，必须进行化学成分分析、力学性能试验及焊接性试验后才能投产使用。

碳素钢有不同的分类方法，按照钢中碳含量的多少可分为低碳钢、中碳钢、高碳钢，见表 2-1。

表 2-1　碳素钢按含碳量分类

名称	w（C）（%）	典型硬度	用　　途	焊　接　性
低碳钢	≤0.15	60HRB	特殊钢板、薄板、焊丝	优
	0.15～0.25	90HRB	结构用型材、板材	良
中碳钢	0.25～0.60	25HRC	机械零件和工具	中（通常要求预热和后热，常采用低氢焊接工艺）
高碳钢	≥0.60～1.00	40HRC	弹簧、模具、导轨	差（通常要求预热和后热）

按照钢的品质分类，主要是根据有害杂质 S、P 的含量来划分，可分为普通碳素钢、优质碳素钢和高级优质碳素钢。

普通碳素钢：w（S）≤0.050%，w（P）≤0.045%。

优质碳素钢：w（S）≤0.035%，w（P）≤0.035%。

高级优质碳素钢：w（S）≤0.030%，w（P）≤0.035%。

按 GB/T 700—2006《碳素结构钢》的规定，部分这类钢的化学成分见表 2-2。

表 2-2　碳素结构钢化学成分

牌号	等级	化学成分（质量分数,%）					脱氧方法
		C	Mn	Si	S	P	
				不大于			
Q195	—	≤0.12	≤0.50	0.30	0.040	0.035	F、Z
Q235	A	≤0.22	≤1.40	0.35	0.050	0.045	F、Z
	B	≤0.20			0.045		
	C	≤0.17			0.040	0.040	Z
	D	≤0.17			0.035	0.035	TZ

碳素钢中的 Si、Mn 对焊接性也有影响，它们的含量增加，焊接性就会相对变差，但影响没有 C 的作用大。C、Si、Mn 对焊接性的影响可以用下面的经验公式计算，即

$$C_{eq}(\mathrm{JIS}) = w(\mathrm{C}) + w(\mathrm{Mn})/6 + w(\mathrm{Si})/24 \tag{2-1}$$

根据一般生产经验，当碳当量 $C_{eq} < 0.4\%$ 时，淬硬倾向小，焊接性良好，焊接时一般不需要预热、控制层间温度或后热；当 $C_{eq} = 0.4\% \sim 0.6\%$ 时，淬硬倾向较大，焊接性较差，一般需要预热（如 30 钢、35 钢、45 钢等）；当 $C_{eq} > 0.6\%$ 时，淬硬倾向严重，焊接性很差，焊前必须采用较高的温度预热，控制层间温度和后热，并采用低氢焊接工艺（如碳素钢铸件、碳素工具钢）。

冷轧板、热轧板、镀锌板、槽钢四种材料都属于低碳钢。低碳钢的特点是含碳量低，Mn 和 Si 的含量也比较少，通常不会因焊接在热影响区产生硬化组织，钢材的塑性较好，焊接接头产生裂纹的倾向小，故它们都是焊接性较好的钢种。为了保证焊缝的焊接质量，应注意以下几个方面：

① 焊前清除焊件表面的铁锈、油污、水分等杂质，焊条、焊剂必须烘干。

② 焊缝、对接多层焊的第一层焊缝及单道焊缝要避免深而窄的坡口形式，以防止出现裂纹、未焊透、夹渣等缺陷。

③ 结构件的刚度增大、焊缝的裂纹倾向也增大，因此焊接刚度大的结构件时，宜选用低氢碱性焊条，采取焊前预热或焊后消除应力热处理措施，预热及回火温度见表 2-3。

表 2-3　常用低碳钢的焊前预热及回火温度

钢　　号	材料厚度/mm	预热温度/℃	回火温度/℃
Q235、Q275、08、10、15、20	≤50	—	—
	>50 ~ 100	>100	600 ~ 650
25、20G、20R	≤25	>50	600 ~ 650
	>25	>100	600 ~ 650

（1）焊丝质量的检验　焊接碳素钢和合金钢所用的焊丝，其化学成分、力学性能、焊接性等应符合国家标准。在使用前，每捆焊丝必要时应进行化学成分复核、外部检查及直径测量。焊丝表面不应有氧化皮、锈蚀和油污等。若采用化学酸洗法去除焊丝上的氧化皮、锈蚀，应注意控制酸洗的时间，若酸洗时间过长，且立即使用，会影响焊接质量，甚至会出现裂纹。

（2）焊条质量的检验　焊条质量检验时，首先应检查其外表质量，然后核实其化学成分、力学性能、焊接性等是否符合国家标准或出厂的要求。对焊条的化学成分及力学性能进行检查时，首先用这种焊条焊成焊缝，然后对焊缝进行化学成分和力学性能测定。合格的焊条，其焊缝金属的化学成分及力学性能应符合其说明书所规定的要求。

所谓焊接性良好的焊条，是指在说明书中所推荐的焊接参数下焊接时，焊条容易起弧、电弧稳定、飞溅少、药皮熔化均匀、焊渣不影响连续焊接、熔渣流动性好、覆盖均匀、脱渣容易；而且在一般情况下，焊缝中不应有裂纹、气孔、夹渣等工艺缺陷。

焊条的药皮应是紧密的，没有气孔、裂纹、肿胀和未调匀的药团，同时要牢固地紧贴在焊芯上，并且有一定的强度。直径小于 4mm 的焊条，从高 0.5m 处平放自由落在钢台上，药皮不损坏。药皮与焊芯应保持同心。药皮偏心的焊条，除发生偏弧外，还会破坏其焊

接性。

使用焊条时，还需检查其在运输过程和保管时是否受到损伤和受潮变质。变质和损伤的焊条不能使用。焊条施焊前需经烘干，以去除水分。

采用焊条电弧焊焊接低碳钢时，大多使用 E43XX 系列的焊条，其熔敷金属抗拉强度不小于 430N/mm^2，力学性能与母材恰好相匹配。当焊接重要的或裂纹敏感性比较大的结构时，常采用低氢型的碱性焊条，如 E4316、E4315、E5015、E5016 等，这类焊条具有较好的抗裂性能和力学性能，其韧性和抗时效性也很好。但这类焊条的工艺性能比较差，对油污、锈蚀、水分很敏感，焊前需要在 350～400℃下烘干 1～2h，并需对接头坡口做彻底清理。所以对于一般的焊接结构，使用酸性焊条即可，如 E4301、E4303、E4313、E4320 等，这些焊条的缺点是气体、杂质的含量较高，焊缝金属的塑性、韧性及抗裂性不及碱性焊条，但一般能满足使用要求。表 2-4 列出了一些材质所选用的低碳钢焊条。

表 2-4　低碳钢焊条选用

钢　　号	一般结构		复杂和厚板结构，重要的受压容器		施焊条件
	型　　号	牌　　号	型　　号	牌　　号	
Q195	E4313	J421	E4303	J422	一般不预热
Q235	E4303	J422	E4319（E4301）	J423	
Q275	E4319（E4301）	J423	E4320	J424	厚板结构预热在 150℃以上
	E4320	J424	E4311	J425	
	E4311	J425	E4316	J426	
			E4315	J427	

对于同一个强度等级的低碳钢，由于产品结构的差别，所选用的焊条也不同。例如，随着板厚增加，接头的冷却速度加快，促使焊缝金属硬化，接头内残余应力增大，就需要选用抗裂性能好的焊条，如低氢型焊条；厚板为了焊透，就必须开坡口，使焊缝的填充金属增加，为了提高生产率，可以选用铁粉焊条，表 2-5 列出了不同板厚所选用的焊条。

表 2-5　不同板厚的低碳钢所选用的焊条

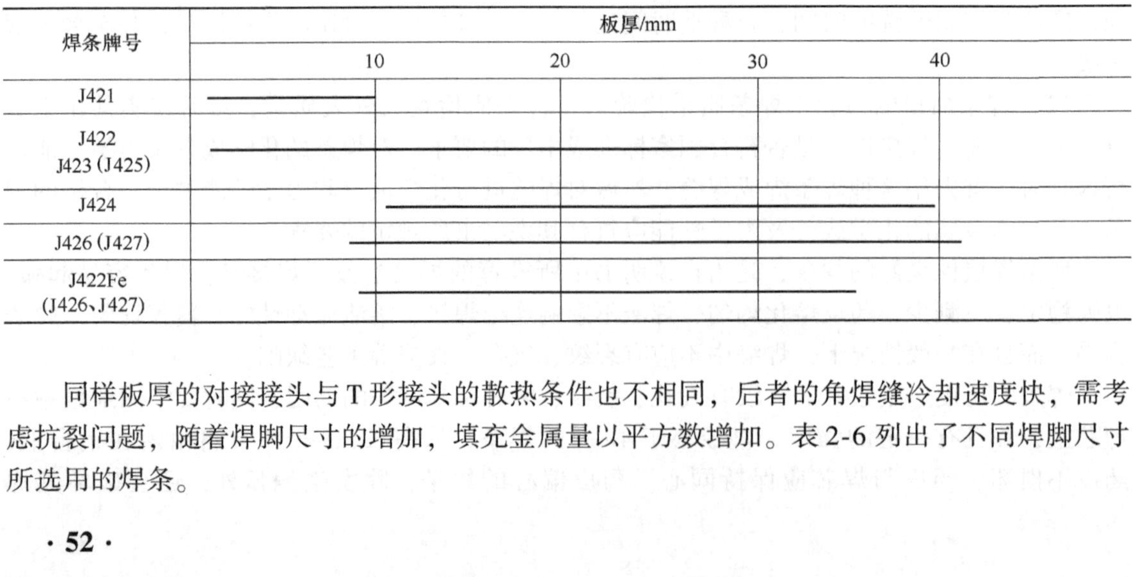

同样板厚的对接接头与 T 形接头的散热条件也不相同，后者的角焊缝冷却速度快，需考虑抗裂问题，随着焊脚尺寸的增加，填充金属量以平方数增加。表 2-6 列出了不同焊脚尺寸所选用的焊条。

表 2-6　不同焊脚尺寸所选用的焊条

焊条牌号	焊条直径/mm	焊脚尺寸K/mm											
		2	3	4	5	6	7	8	9	10	11	12	13
J421	2		—	—	—								
	2.5			—	—	—							
	3.2				—	—	—						
	4.0				—	—	—	—					
J422	2.5			—	—	—							
J423	3.2				—	—	—						
J426	4.0				—	—	—	—	—				
J427	5						—	—	—	—	—		
	6							—	—	—	—	—	—
J422Fe	4								—	—	—	—	
J426Fe	5									—	—	—	—
J427Fe	6									—	—	—	—

另外，焊条直径的大小对焊接质量和生产率影响也很大。一般在保证焊接质量的前提下，尽可能选用大直径焊条，以提高生产率。从焊接质量来选焊条，则需考虑焊件的厚度、接头形式、焊接位置、焊道层次和允许的热输入等因素。表 2-7 列出了不同板厚的焊条选择。

表 2-7　焊条直径的选择

板厚/mm	≤4	4 ~ 12	>12
焊条直径/mm	不超过焊件厚度	3. 2 ~ 4	≥4

带坡口需多层焊的接头，第一层焊缝应选用小直径的焊条，这样在接头部位容易操作，有利于控制熔池和焊波形状，第二层以后的焊道可选用大直径的焊条，以加大熔深和提高熔敷率。

在横焊、立焊和仰焊时，由于重力作用，熔化金属容易从接头流出，应选用小直径焊条，因为小的焊接熔池便于控制。在“船形”位置上焊接角焊缝时，焊条直径不能大于角焊缝的焊脚尺寸。

（3）焊剂的检验　检验焊剂时应根据国家标准 GB/T 5293—1999 的规定进行。焊剂的检验主要检查其颗粒度、成分、焊接性及湿度。焊剂应与焊丝配合使用方能保证焊缝金属的化学成分及力学性能满足要求。焊接不同种类的钢材，则要求不同类型的焊剂配合。具有良好性能的焊剂，其电弧燃烧稳定，焊缝金属成形良好，脱渣容易，焊缝中没有气孔和裂纹等缺陷。

焊剂颗粒度的大小随焊剂的类型不同而不同，如低硅中氟型和中硅中氟型焊剂颗粒的大小为 0. 4 ~ 3mm ，高硅中氟型或低硅高氟型则为 0. 25 ~ 2mm。焊剂的单位体积质量（假密度），即干燥焊剂的质量与体积之比，如玻璃状焊剂应为 1. 4 ~ 1. 6g/cm^3。焊剂在使用前，必须按规定的要求烘干，没有注明要求的均须经 250℃ 烘焙 1 ~ 2h。

5. 焊接结构设计鉴定

为使焊接检验能顺利进行，必须对焊接结构设计进行鉴定。需要进行检验的焊接结构应具备可检验的条件。一个焊接产品能进行无损检测，应具有以下几个条件：

1）有适当的检测空间位置。

2）有便于进行检测的检测面。

3）有适宜检测的检测部位底面。

6. 焊接前各工序质量控制

焊接前必须首先熟悉焊接结构生产工艺图样和工艺要求，这是保证焊接产品顺利生产的重要环节。主要内容包括以下几方面：

1）产品的结构形式、采用的材料种类及技术要求。

2）产品焊接部位的尺寸、焊接接头及坡口的结构形式。

3）采用的焊接方法、焊接电流、焊接电压、焊接速度、焊接顺序等，焊接过程中预热及层间温度的控制。

4）焊后热处理工艺、焊件检验方法及焊接产品的质量要求。

各工序质量控制内容如下：

（1）母材预处理　金属结构材料的预处理主要是指钢材在使用前进行矫正和表面处理。钢材在吊装运输和存放过程中如果不严格遵守有关的操作规程，往往会产生各种变形，如整体弯曲、局部弯曲、波浪形变形等，不可直接用于生产，必须加以矫正。

薄板矫正多用多辊轴矫平机，卷筒钢板开卷也可采用矫平机矫平。厚板应采用大型水压机在平台矫正。型钢的弯曲变形可采用专用的型钢矫正机进行矫正。钢板和型钢发生局部弯曲可用火焰矫正法矫正。加热温度一般不超过钢材的回火温度，加热后可在空气中冷却或喷水冷却。

钢材表面的氧化物、铁锈及油污对焊缝的质量会产生不利的影响，焊接前必须将其清除。清理方法有机械法和化学法两种。机械清理法包括喷砂、喷丸、砂轮修磨和钢丝轮打磨等，其中喷丸效果较好。在钢板预处理连续生产线中大多采用喷丸清理工艺。化学清理法通常采用酸洗法，即将钢材浸入2% ~4%的硫酸溶液槽内，保持一定时间后取出，再放入1% ~2% 的石灰石液槽内中和，取出后烘干。钢材表面残留的石灰膜可防止金属表面再次氧化，切割或焊接前将其从切口或坡口面上清除即可。

（2）下料　焊件毛坯的切割下料是保证结构尺寸精度的重要工作，应严格控制。采用机械剪切、手工热切割和机械热切割法下料，应在待下料的金属毛坯上按图样和1：1的比例进行划线。对于批量生产的工件，可采用按图样的图形和实际尺寸制作的样板划线。每块样板都应注明产品、图号、规格、图形符号和孔径等，并经检查合格后才能使用。手工划线和样板划线的尺寸公差应符合标准规定，并考虑焊接的收缩量和加工余量。

钢材可以采用剪床剪切下料或热切割方法下料。常用热切割方法有火焰切割、等离子弧切割和激光切割。激光切割多用于薄板的精密切割。等离子弧切割主要用于不锈钢及非铁金属的切割。

不锈钢钢板切割下料时应注意切口附近的硬化现象。因为硬化带对钢板性能有不利的影响，所以应采用机械加工方法去除。合金元素的质量分数超过3%的高强度钢和耐热钢厚板切割时，表面会产生淬硬现象，严重时会导致形成切割裂纹。因此，低合金高强度钢和耐热钢厚板切割前，应将切口的起始端预热至100 ~150℃；当钢板厚度超过70mm时，应在切割前将钢板进行退火处理。

（3）坡口加工　为了使焊缝的厚度达到规定的尺寸而不出现焊接缺陷和获得全焊透的焊接接头，焊缝的边缘应按板厚和焊接工艺要求加工成各种形式的坡口。

常用焊接接头坡口形式有V形、双V形（X形）、U形及双U形。设计和选择坡口时，应考虑坡口角度、根部间隙、钝边和根部半径。

焊条电弧焊时，为保证焊条能够接近焊接接头根部以及多层焊时侧边熔合良好，坡口角度与根部间隙之间应保持一定的比例关系。当坡口角度减小时，根部间隙必须适当增大。因为根部间隙过小，根部难以熔透，必须采用较小规格的焊条，降低焊接速度；反之，如果根部间隙过大，则需要较多的填充金属，从而提高了焊接成本和增大了焊接变形。

熔化极气体保护焊由于采用的焊丝较细，且使用特殊的导电嘴，因此可以实现厚板（大于200mm）I形坡口的窄间隙对接焊。

开有坡口的焊接接头，一般需要留有钝边来确保焊缝质量。钝边高度以既保证熔透又不致烧穿为佳。焊条电弧焊时，V形或U形坡口的钝边取0～3mm；双V形或双U形坡口的钝边取0～2mm。埋弧焊的熔深比焊条电弧焊大，因此钝边可适当增加，以减少填充金属。

带有钝边的接头，根部间隙主要取决于焊接位置和焊接参数，在保证焊透的前提下，间隙尽可能减小。

坡口加工可以采用机械加工法或热切割法。V形坡口和X形坡口可以在气割下料时，采用双割炬或三割炬同时完成坡口的加工。

坡口加工的尺寸公差对焊件的组装和焊接质量有很大的影响，应严格检查和控制。坡口的尺寸公差一般不超过±0.5mm。

（4）成形加工　大多数焊接结构，如压力容器、船舶、桥梁和重型机械等，为达到产品设计图样的要求，焊接前都需要经过成形加工。成形工艺包括冲压、卷制、弯曲和旋压等。

圆筒形和圆锥形焊件，如压力容器的筒体和过渡段、锅炉锅筒、大直径管道等，都是采用不同厚度的钢板卷制而成的。卷制通常在三辊或四辊卷板机上进行，厚壁筒体也可采用特制的模具在水压机上冲压成形。筒体的卷制实质上是一种弯曲工艺。在常温下弯曲，即所谓冷弯时，工件的弯曲半径不应小于该种材料特定的最小值。对于普通碳素结构钢，弯曲半径不应小于25δ（δ为板厚），否则材料的力学性能会大大降低。冷卷的筒体，当其外层纤维的伸长率超过15%时，应在冷卷后进行回火处理，以消除冷作硬化引起的不良后果。通常板厚大于50mm的钢板应采用热卷成形或热冲压成形。

正常的热卷或热冲压成形应选择在材料的正火温度下进行，以保证热成形后材料仍保持标准规定的力学性能。当卷制某些对高温作用较敏感的合金钢板时，应制备母材金属试板，且随炉加热并随工件同时出炉，以检验母材金属成形后的力学性能是否符合标准的规定。

压力容器、锅筒、储罐等球形封头、顶盖、球罐通常采用水压机或油压机在特制的模具上冷冲压或热冲压成形。当冲压后的工件的冷变形程度超过允许极限或冲压温度超过材料正常的正火温度时，冲压后工件应做相应热处理，以恢复材料的力学性能。对于奥氏体不锈钢冷冲压件，冲压后应做固溶处理。

在许多焊接结构中大量采用管件和型材，一般也要求按设计图样弯曲成形。管材弯曲可按管子直径、壁厚和成形精度要求采用手动、电动、液压传动或数控液压弯管机。型材的弯曲可采用三辊或四辊型材弯曲机。

（5）装配　在焊接结构生产中，为保证产品质量，常需要装配和焊接机械装备。焊接机械装备种类繁多，有简单的夹具，也有复杂的焊接变位机械。装配与焊接机械装备的特点与适用场合见表2-8。

表 2-8　装配与焊接机械装备的特点与适用场合

机械装备	特点与适用场合
夹具	功能单一，主要起定位和夹紧作用；结构较简单，多由定位元件、夹紧元件和夹具体组成，一般没有连续动作的传动机构；手动的夹具可携带和挪动。适用于现场安装或大型金属结构的装配和焊接
焊件变位机械	焊件被夹持在可变位的台或架上，变位台或变位架在空间变换位置，以适应装配和焊接需要。适用于结构比较紧凑、焊缝短而分布不规则的焊件装配和焊接
焊机变位机械	焊机或焊接机头通过该机械实现平移、升降等运动，达到施焊位置并完成焊接。多用于焊件变位有困难的大型金属结构的焊接，可以和焊件变位机械配合使用
焊工变位机械	由机械传动机构实现升降，将焊工送至施焊部位。适用于高大焊接产品的装配、焊接和检验等

（6）焊前预热　焊前预热是防止厚板焊接结构、低合金和中合金钢接头焊接裂纹的有效措施之一。焊前预热有利于改善焊接过程的热循环，降低焊接接头区域的冷却速度，防止焊缝与热影响区产生裂纹，减少焊接变形，提高焊缝金属与热影响区的塑性与冲击韧度。

焊件的预热温度应根据母材的含碳量和合金含量、焊件的结构形式和接头的拘束度、所选用焊接材料的扩散氢含量、施焊条件等因素来确定。母材含碳量和合金含量越高，厚度越大，焊前要求的预热温度也越高。钢制压力容器焊前预热 100℃以上的钢种与厚度见表 2-9。

表 2-9　钢制压力容器焊前预热 100℃以上的钢种与厚度

钢　　种	碳　素　钢	16MnR	15MnVR
厚度/mm	>38	>34	>32

对于焊接工程结构，可以采用碳当量（*CE*）和冷裂纹指数法确定预热温度。低合金钢焊接根据碳当量范围确定预热温度，见表 2-10。

表 2-10　典型钢种根据碳当量范围确定预热温度

碳当量 *CE*	预热温度/℃
$CE < 0.45\%$	无须预热
$0.45\% \leqslant CE < 0.6\%$	100 ~ 200
$CE \geqslant 0.6\%$	200 ~ 370

7. 焊接的其他工作检查

（1）焊工考核　焊接接头的质量很大程度上取决于焊工的技艺。因此，焊工在完成重要的或有特殊要求产品的焊接工作时，焊前应当进行必要的考核。考核分为理论知识考核和实际操作考核两部分。理论部分主要考核焊工技术应用范围以内的知识，并且加入有关焊接材料、工艺过程、焊接设备、安全技术等知识。实际操作方面主要是按规定焊接各种焊接位置（仰、平、横、立）的试件，考核确定焊缝的熔深、接头的内部质量及力学性能等是否符合焊缝的设计要求。

（2）焊接能源的检查　焊接能源的质量直接影响焊缝的质量。在电弧焊和电阻焊中，焊接时的热能是由电能产生的，而气焊的热能是依靠氧气和可燃气体燃烧产生的，因此对能源的检验要根据不同焊接方法和所使用的能源特点来进行。对电源的检验主要是检验焊接电路上电源的波动程度，对气体燃料的检验重点是检查气体的纯度及其压力的大小。

（3）焊接工具的检查　焊条电弧焊的工具包括面罩、焊钳和电缆等。辅助工具有敲渣锤、钢丝刷、錾子等。这些工具对焊接质量和焊接生产率也有一定的影响。

① 面罩。面罩主要用来保护焊工的眼睛和面部。焊工可以通过镶在它上面的护目玻璃观察电弧燃烧情况及熔池情况。有经验的焊工通过控制熔池和电弧的情况来减少和消除夹渣、未焊透及气孔。因此面罩的选择相当关键。

② 焊钳。焊钳的作用是夹持焊条和传导电流。质量优良的焊钳需要满足如下要求：在夹持面中，能夹紧和便于更换几种所需角度的各种直径的焊条；电缆与夹头连接导电性良好，发热少，手柄绝缘性好；重量轻，具有一定的强度。目前常用的焊钳有300A 和500A 两种。

③ 电缆。焊接电缆是连接焊机与焊件、焊机与焊钳的导线。焊接用的电缆特别是焊机与焊钳连接的部分，要求柔软、轻便、使用时不发热和绝缘性好，因此，一般采用多股细铜丝组成，外表包裹橡胶绝缘层，使用长度最好为20～30m。过长的电缆线会增大电压降，影响焊接的稳定性，而过大的电压降，甚至会导致焊接时不能引弧。通常要求在额定电流下电缆线上的电压降不大于4V。

2.1.2　施焊过程中的质量控制

焊接生产过程中的质量控制是焊接中较重要的环节。一般先按照设计要求选定焊接参数，然后边生产、边检验。每道工序都需要按照焊接工艺规范或国家标准检验，主要包括焊接参数的检验、焊缝尺寸的检验、焊接工装夹具的检验、焊接结构装配质量的检验等。

1. 焊接参数的检验

焊接参数是指焊接时，为保证焊接质量而选定的各项物理量，如焊接电流、电弧电压、焊接速度、热输入、焊条（焊丝）直径、焊接的道数、焊接的层数、焊接顺序、电源的种类和极性等的总称。焊接参数执行的正确与否对焊缝和接头质量的好坏起着决定性的作用。正确的焊接参数是在焊前进行试验、总结而得到的。有了正确的焊接参数，还要在焊接过程中严格执行，才能保证接头质量的优良和稳定。对焊接参数的检验，不同的焊接方法有不同的内容和要求。

若操作技术不当或焊接参数选择不当，可能出现各种缺陷。表2-11 列出了低碳钢焊条电弧焊常见的缺陷及其产生的原因和预防措施。

表2-11　低碳钢焊条电弧焊常见的缺陷及其产生的原因和预防措施

缺　陷	产生原因	预防措施
咬边	焊接电流过大，电弧过长，运条角度不当	适当减小焊接电流；电弧不要过长；焊条摆动时，在坡口边缘的运条速度稍慢，运条角度适当
未焊透	焊接电流过小，焊接速度过快，热量不够，母材坡口未清理干净，坡口角度过小、间隙过小或钝边过大	适当增加焊接电流，减慢焊接速度，母材坡口要清理干净，选择合适的坡口尺寸
凹坑	焊条收弧时未填满弧坑	焊条在收弧时适当多停留一会
夹渣	母材坡口表面及附近的油污、氧化物等未清理干净，操作不当	将母材表面清理干净，电弧适当拉长，放慢焊接速度，以使气体浮出
气孔	母材清理不干净，焊条未烘干	按工艺要求清理母材，焊条按规定进行烘干

焊接电流是焊条电弧焊的主要参数，它直接影响焊接质量和焊接生产率。总的原则是在保证焊接质量的前提下，尽量用较大的焊接电流来提高生产率。焊接电流的大小主要根据焊条直径和焊接位置来确定。一般低碳钢焊接根据焊条直径来确定焊接电流，经验公式为

$$I = Kd \tag{2-2}$$

式中 I——焊接电流（A）；

d——焊条直径（mm）；

K——经验系数，可按表2-12来确定。

表2-12 不同焊条直径的经验系数

焊条直径/mm	1.6	2～2.5	3.2	4～6
K	20～25	25～30	30～40	40～50

根据上面的经验公式计算出的焊接电流，只是大概的参考数值，在实际使用时还应根据具体情况而定。例如，板厚较大时，或采用T形接头、搭接接头时，施焊环境温度低时，均因导热快，焊接电流必须大些；立焊、横焊、仰焊时，为了防止熔化金属从熔池中流淌，需减小熔池面积以便于控制焊缝成形，须采用较小的焊接电流，一般比平焊时小10%～20%；焊接不锈钢时，为了减少焊条发红，焊接电流应小一些。表2-13是某大型集装箱船舱口围装焊条电弧焊焊接参数。

表2-13 某大型集装箱船舱口围装焊条电弧焊焊接参数

焊条直径/mm	焊接电流/A			
	平　焊	立　焊	横　焊	仰　焊
3.2	100～130	90～120	90～120	90～120
4	160～200	120～160	120～160	120～160
5	200～260			

焊条电弧焊时，酸性焊条可用交流电焊接；低氢钾型焊条可用交流电焊接，也可用直流电反接焊接。使用酸性焊条及直流电源时，厚板应采用直流电正接法，此时焊件温度高，焊缝熔深大；焊薄板时采用直流电反接法为好。当使用低氢钠焊条时，必须使用直流电反接法焊接。

中厚板焊接时，为了保证焊透，需要对母材开坡口，焊接时采用多层焊或多层多道焊，这样有利于提高焊接接头的塑性和韧性。在进行多层多道焊时，前一层焊道对后一层焊道起预热作用，而后一层焊道对前一层焊道起热处理作用，能细化晶粒，提高焊缝金属的塑性和韧性。每层焊道的厚度不应大于4mm，如果每层的焊缝太厚，会使焊缝金属组织晶粒变粗，力学性能降低。

2. 焊缝尺寸的检验

焊缝尺寸的检验应根据工艺卡或国家标准所规定的精度要求进行。一般采用特制的量规和样板来测量。最普通的测量焊缝的量具是样板。样板是分别按不同板厚的标准焊缝尺寸制造出来的。样板的序号与钢板的厚度相对应。例如，测量12mm厚的板材的对接焊缝，则选用12mm的样板进行测量。此外，还可用万能量规测量T形接头焊缝焊脚的凸出量及凹下

量、对接接头焊缝的余高、对接接头坡口间隙等。

3. 焊接工装夹具的检验

夹具是结构装配过程中用来固定、夹紧焊件的工艺装备。它通常要承受较大的载荷，同时还会受到由于热的作用而引起的附加应力作用。故夹具应有足够的刚度、强度和精确度。在使用过程中应对其进行定期的检修和校核。检查它是否妨碍焊件焊接，焊接后焊件由于加热的作用而发生的变形是否会妨碍夹具卸下取出。当夹具不可避免地要放在施焊处附近时，检查是否有防护措施，防止因焊接时的飞溅而破坏夹具的活动部分，造成夹具卸下取出困难；还应检查夹具所放的位置是否正确，会不会因位置放置不当而引起焊件尺寸的偏差和因夹具自身重量而造成焊件的歪斜变形；此外还要检查夹具夹紧是否可靠，不应因焊件热胀冷缩或外来的振动而使夹具松动失去夹紧能力。

4. 焊接结构装配质量的检验

在焊接之前进行装配质量检验是保证结构焊接后符合图样要求的重要措施。对焊接装配结构主要应进行如下几项检验。

1）按图样检验各部分尺寸，基准线相对位置是否正确，是否留有焊接收缩余量、机械加工余量等。

2）检验焊接接头的坡口形式及尺寸是否正确。

3）检验定位焊的焊缝布置是否恰当，能否起到固定作用，是否会造成焊后过大的内应力。同时检验定位焊焊缝是否存在缺陷，若有缺陷要及时处理。

4）检验焊接处是否清洁、有无缺陷（如裂纹、凹陷、夹渣等）。

2.1.3 焊接成品的质量检验

焊接产品虽然在焊前和焊接过程中均进行了检验，但由于客户对产品的整体要求，以及使用时条件的变化、波动等都有可能引发新的缺陷，所以，为了保证产品的质量，对成品也必须进行质量检验。成品检验的方法有很多，应根据产品的使用要求和图样的技术条件进行选择。焊接结构成品检验主要包括外观检验和无损检测。同时，焊接产品在使用中的检验也是成品检验的一部分。

1. 焊接缺陷及其分类

焊接过程中在焊接接头上产生的不符合标准要求的缺欠称为焊接缺陷。一般来讲，评定焊接接头质量是以焊接接头存在缺陷的性质、大小、数量和危害程度作为依据的。因此，焊接缺陷的存在与否，决定焊接接头质量的优劣。

在焊接生产过程中要想获得无缺陷的焊接接头，技术上是相当困难的，也是不经济的。为了满足产品的使用要求，促进焊接技术的发展和产品质量的提高，应该把焊接缺陷限制在一定范围之内，使之对焊接结构的运行不产生危害即可。焊接缺陷的分类方法很多，按广义分类，焊接缺陷基本上可归纳为如下三类。

（1）尺寸上的缺陷　尺寸上的缺陷包括焊接结构的尺寸误差和焊缝形状不佳等。

（2）结构上的缺陷　结构上的缺陷包括气孔、夹渣、非金属夹杂、熔合不良、未焊透、咬边、裂纹、表面缺陷等。

（3）性质上的缺陷　性质上的缺陷包括力学性能和化学性质等不能满足焊件的使用要求的缺陷。力学性能指的是抗拉强度、屈服强度、伸长率、硬度、冲击吸收能量、疲劳强度、弯曲角度等。化学性质指的是化学成分和耐蚀性等。

具体焊接缺陷的分类见表 2-14。

表 2-14　焊接接头中常见缺陷及分类

分　类	名　称	分　类	名　称
裂纹	横向裂纹 纵向裂纹 弧坑裂纹 枝状裂纹 放射状裂纹 间断裂纹群 微观裂纹	未熔合及未焊透	未熔合 未焊透
气孔	球形气孔 均布气孔 局部密集气孔 链状气孔 条形气孔 虫形气孔 表面气孔	形状和尺寸缺陷	咬边 焊瘤 错边 下塌 烧穿 未焊满 凸度过大 焊缝超高 焊缝宽度不齐 焊缝表面粗糙、不平滑
固体夹杂	夹渣 焊剂夹渣 氧化物夹杂 皱褶 金属夹杂	其他缺陷	电弧擦伤 飞溅 钨飞溅 定位焊缺陷 表面撕裂 双面焊道错开 打磨过量 凿痕 磨痕

2. 常见焊缝缺陷的基本特征

（1）焊缝形状和尺寸不符合要求　焊缝外表高低不平和波纹粗劣、焊缝宽度太宽或太窄、焊缝余高过低或过高、角焊缝焊脚的尺寸不等，都属于焊缝形状及尺寸不符合要求。这些缺陷不仅使焊缝成形不美观，而且容易造成应力集中，影响焊缝与母材的结合强度。

（2）咬边　咬边是指沿焊趾的母材部分产生的沟槽或凹陷。咬边减弱了焊缝的有效截面，降低了焊接接头的力学性能。由于在咬边处形成应力集中，焊接结构承载后可能产生裂纹。

（3）焊瘤　焊瘤是指熔化金属流淌到焊缝外在未熔化的母材上冷凝成的金属瘤。立焊和仰焊时最易产生，用埋弧焊焊接小直径的环缝时也易出现。焊瘤不仅影响焊缝美观，而且往往随之出现夹渣和未焊透等缺陷。如果是管子内部的焊瘤，将减小管路介质的流通截面。

（4）凹坑和弧坑　凹坑是指焊缝正反面低于母材表面的低洼部分。弧坑是凹坑的一种，是发生在焊缝收尾处的凹陷部分。凹坑和弧坑都使焊缝的有效截面减小，降低了焊缝的承载能力。弧坑处容易产生偏析和杂质积聚，易导致气孔、夹渣、裂纹等焊接缺陷。

（5）烧穿　烧穿是在焊接过程中，由于焊接参数选择不当、焊接操作工艺不良，或者工件装配不好等原因，熔化金属自焊缝背面流出，造成穿孔的现象。

（6）未熔合　未熔合是指熔焊时，焊道与母材之间或焊道与焊道之间，未能完全熔化结合的现象。未熔合间隙很小，可视为片状缺陷，类似于裂纹，易造成应力集中，是危险性缺陷。

（7）未焊透　未焊透是指熔焊时，焊接接头根部未完全熔透的现象。未焊透减小了焊缝的有效工作截面，在根部尖角处造成应力集中，容易引起裂纹，导致结构破坏。

（8）气孔　气孔是在焊接过程中，熔池金属中的气体在金属冷却以前未能逸出而在焊缝中所形成的孔穴。气孔按其产生的部位分为内部气孔和外部气孔，按形成气孔的主要气体分为氢气孔、一氧化碳气孔和氮气孔。气孔一般呈圆形或椭圆形。

（9）夹渣　夹渣是焊缝金属在快速凝固过程中，来不及浮出焊缝表面而残留在焊缝中的熔渣。夹渣的危害比气孔严重，因为夹渣的几何形状不规则，存在棱角或尖角，易造成应力集中，往往是裂纹的起源。

（10）裂纹　裂纹产生的原因较多，裂纹的形式也较多，常见的有：

① 热裂纹。热裂纹是指焊接过程中，焊缝和热影响区金属冷却到固相线附近的高温区所产生的焊接裂纹。由于产生在高温区，与大气相通的开口部位发生氧化，裂纹断口表面有氧化色，这可作为判断裂纹是否属于热裂纹的重要依据。有时在裂纹中可见到熔渣，裂纹的微观特征为沿晶界分布，用断口扫描电子显微镜观察可见到金属凝固的自由表面。在焊缝和热影响区均可产生热裂纹。

② 冷裂纹。冷裂纹是指焊接接头冷却到较低温度下产生的焊接裂纹。冷裂纹的产生有时间性，可能在焊后立即产生，也可能在焊后延迟一段时间才出现，后者称为延迟裂纹。延迟的时间取决于氢气在金属中的扩散速度，而扩散速度又取决于焊件所处的环境温度，在$-70\sim50$℃的温度区间内，容易产生延迟裂纹。裂纹断口处呈金属光亮，其微观特征为沿晶界或穿过晶界。在焊缝和热影响区均可产生，特别是焊道下熔合线附近、焊趾和焊缝根部。

3. 外观检验和测量

焊接接头的外观检验是一种操作简便且应用广泛的检验方法，是成品检验的一个重要内容。这种方法有时也在焊接过程中使用，如厚壁焊件多层焊时，每焊完一层便进行外观检验，防止前道焊层的缺陷被带到下一层焊道中。焊缝的外观检验可用肉眼及放大镜，即目视检测，主要检测焊接接头的形状和尺寸，检测过程中可使用标准样板和量规。

（1）目视检测　目视检测工作容易进行，并且直观、方便、效率高，因此，应对焊接结构的所有可见焊缝进行目视检测。对于结构庞大、焊缝种类或形式较多的焊接结构，为避免目视检测时有遗漏，可按焊缝的种类或形式分为区、块、段，并逐次检查。当焊接结构存在隐蔽焊缝时，应在组装之前或焊缝尚处在敞开的时候进行目视检测，以保证产品焊缝的缺陷在焊缝封闭之前被发现，及时消除。

目视检测方法分为直接目视检测和远距离目视检测。

1）直接目视检测。直接目视检测也称为近距离目视检测，用于眼睛能充分接近被检物体，直接观察和分辨缺陷形态的场合。一般情况下，目视距离约为600mm，眼睛与被检工件表面所成的视角不小于30°。在检测过程中，采用适当照明，利用反光镜调节照射角度和观察角度，或借助于低倍放大镜观察，以提高眼睛发现缺陷和分辨缺陷的能力。

2）远距离目视检测。远距离目视检测用于眼睛不能接近被检物体，必须借助望远镜、内孔管道镜、照相机等进行观察的场合。其分辨能力至少应和直接目视观察检验效果一致。

目视检测的项目包括以下几方面：

1）焊接后清理质量。所有焊缝及其边缘，应无焊渣、飞溅及阻碍外观检查的附着物。

2）焊接缺陷检查。在整条焊缝和热影响区附近，应无裂纹、夹渣、焊瘤、烧穿等缺陷，气孔、咬边应符合有关标准规定。焊接接头部位容易产生焊瘤、咬边等缺陷，收弧部位容易产生弧坑、裂纹、夹渣、气孔等缺陷，检查时要注意。

3）几何形状检查。重点检查焊缝与母材连接处以及焊缝形状和尺寸急剧变化的部位。焊缝应完整，不得有漏焊，连接处应圆滑过渡。焊缝高低、宽窄及结晶鱼鳞纹应均匀变化。可借助测量工具进行测量。

4）焊接的伤痕补焊。重点检查装配拉筋板拆除部位、勾钉吊卡焊接部位、母材引弧部位、母材机械划伤部位等。应无缺肉及遗留焊疤，无表面气孔、裂纹、夹渣、疏松等缺陷，划伤部位不应有明显棱角和沟槽，伤痕深度不超过有关标准规定。

目视检测若发现裂纹、夹渣、焊瘤等不允许存在的缺陷，应清除、补焊或修磨，使焊缝表面的质量符合要求。

（2）焊缝尺寸的检测　焊缝尺寸的检测是按图样标注的尺寸或技术标准规定的尺寸对实物进行测量检查。尺寸测量工作可与目视检测同时进行，也可在目视检测之后进行。通常是在目视检测的基础上，初步掌握几何尺寸变化的规律之后，选择测量部位。一般情况下，选择焊缝尺寸正常部位、尺寸变化的过渡部位和尺寸异常变化的部位进行测量检查，然后相互比较，找出焊缝尺寸变化的规律，并与标准规定的尺寸对比，从而判断焊缝的几何尺寸是否符合要求。

一般情况下，施工图样只标注坡口尺寸，不标注焊后尺寸要求。对接接头焊缝尺寸应按有关标准规定或技术要求测量检查。检查对接接头焊缝的尺寸，方法简单，可直接用钢直尺或焊接检测尺测量出焊缝的余高和焊缝宽度。

当组装工件存在错边时，测量焊缝的余高应以表面较高一侧母材为基准进行计算。当组装工件厚度不同时，测量焊缝余高也应以表面较高一侧母材为基准进行计算，或保证两母材之间焊缝呈圆滑过渡。角焊缝尺寸包括焊缝的计算厚度、焊脚尺寸、凸度和凹度等。测量角焊缝的尺寸，主要是测量焊脚K_1、K_2和角焊缝厚度，然后通过测量结果计算焊缝的凸度和凹度。一般对于角焊缝检测，首先要对最小尺寸部位进行测量，同时对其他部位进行外观检查，如焊缝坡口应填满金属，并使其圆滑过渡、外形美观、无缺陷。检查时应注意更换焊条的接头部位，有严重的凸度和凹度时，应及时修磨或补焊。

4. 耐压试验

耐压试验是对焊接结构的整体强度和密封性进行的检测，也是对焊接结构的选材、切割和制造工艺等的综合性检测。其检测结果不仅是产品是否合格和等级划分的关键数据，而且是保证其安全运行的重要依据。耐压试验包括水压试验、气压试验和气液组合压力试验。虽然水压试验和气压试验在某种程度上也具有致密性检测的性质，但其主要目的仍然是强度检测，因此习惯上也把它们称为强度试验。

（1）水压试验　水压试验是最常用的压力试验方法。水的压缩性很小，如果焊接结构一旦因缺陷扩展而发生泄漏，水压立即显著下降，而且不会引起爆炸。因而用水作为试压介质既安全又廉价，操作起来也十分方便，故得到了广泛的使用。对于极少数不宜盛装水的焊接结构，则可采用不会导致发生危险的其他液体。但试验时液体的温度应低于其闪点或沸点。进行水压试验的产品，焊接工作必须全部结束。焊缝的返修、焊后热处理、力学性能检测及无损检测必须全部合格。受压部件充灌水之前，药皮、焊渣等杂物必须清理干净。

水压试验可用作焊接容器的密封性试验和强度试验。水压试验的规范包括环境温度、水的温度、试验压力及保压时间等。水压试验的环境温度应高于5℃，水的温度应不高于49℃，以防汽化，否则检查渗漏时难以发现。对于不同的材质，试验压力按照国家标准规定选择，一般保压8～12h。当环境温度低于5℃时不应进行水压试验，如果进行，则要采用人工加温，维持水温在5℃以上方可进行。试验时，容器充满水，彻底排尽空气，然后用水压机逐步增大容器内的静水压力，压力的大小按产品的工作性质而定，一般为工作压力的1.25～1.5倍。在高压下持续一定的时间以后，再将压力降至工作压力，并沿焊缝边缘15～20mm的地方用0.4～0.5kg重的圆头锤子轻轻敲击，同时对焊缝仔细检查，当发现焊缝有水珠、细水流或潮湿时就表示该焊缝处不致密，应当把它标示出来，这样的产品应评为不合格，做返修处理。如果产品在试验压力下，关闭了所有进、出水的阀门，其压力值保持一定时间不变，也未发现任何缺陷，则产品评为合格。

试验时，容器顶部应设排气口，充液时应将容器内的空气排尽。试验过程中，应保持表面干燥，以便于观察。升压或降压应缓慢进行。当达到规定试验压力后，保压时间要足够长，以便对所有焊缝和连接部位进行检查。如有渗漏，修补后重新试验。水压试验完毕后，应将焊接结构内部的液体排尽，并用压缩空气将内部吹干。

对管道进行检查时，可用闸阀将它们分成若干段，依次对各段进行检查。

水压试验的系统中，至少有两只压力表，其中一只作为监视压力表。压力表必须经计量部门校核，并有铅封才能使用。图2-2所示为2D-SY型水压试验机，其技术参数见表2-15。

图2-2　2D-SY型水压试验机

表2-15　2D-SY型水压试验机技术参数

型　号	额定排出压力/MPa	流量/(L/h) 高压时	高压柱塞直径/mm	往复次数	配套电动机功率/kW	外形尺寸(长×宽×高)/mm×mm×mm	质量/kg
2D-SY/6.3	6.3	160	32				
2D-SY/10	10.0	100	25		1.1		
2D-SY/16	16.0	63	20				
2D-SY/25	25.0	40	16	51		655×480×1055	150
2D-SY/40	40.0	32	14		1.5		
2D-SY/63	63.0	22	12				
2D-SY/80	80.0	16	10				

在特殊情况下，为了检测强度，可用比工作压力大几倍或相当于材料屈服强度的压力值进行试验。试验时，应注意观察应变仪，防止超过屈服强度。进行这种试验之后的产品，必

须经退火处理，消除由于试验而带来的残余应力。

（2）气压试验　气压试验和水压试验一样是检测在一定压力下工作的容器和管道的焊缝的强度和致密性的。气压试验比水压试验更为灵敏和迅速。同时，试验后的产品不用排水处理，对于排水困难的产品尤为适用。但是，试验的危险性比水压试验大，所以进行试验时，必须遵守相应的安全技术要求，以防试验过程中发生事故。安全技术要求如下：

① 要在隔离场所或用厚度不小于3mm的钢板将被试验产品三面或四面包围起来，才能进行试验。

② 处在压力下的产品不得敲击、振动和修补缺陷。

③ 在输送压缩空气到产品的管道上时，要设置一个储气罐，以保证进气的稳定。在储气罐的气体出、入口处，各装一个开关阀，并在其输出端（即产品的输入口端）管道上装上安全阀、工作压力表和监视压力表。

④ 产品内的压力值达到所需的试验数值时，输入压缩空气的管道必须关闭，停止加压。

进行试验时，逐步将所试验的产品加压到所需的压力。该压力值是由该产品的技术条件规定的。然后关闭进气阀，停止加压，把肥皂水涂到焊缝上，检查焊缝是否漏气，或检查工作压力表数值是否下降，如没有漏气或压力值下降，则该产品可评为合格。若产品的焊缝出现漏气或容器压力值下降，则应找出部位，进行标示，卸载后进行返修补焊处理。返修后再经检测合格才可评定为合格。

5. 密封性试验

储存液体或气体的焊接容器，其焊缝的不致密缺陷，如贯穿性的裂纹、气孔、夹渣、未焊透以及疏松组织等，可用密封性试验来发现。密封性检测方法有：煤油试验、载水试验、水冲试验、沉水试验、吹气试验、氨气试验和氦气试验等。

（1）煤油试验　煤油试验是密封性检验最常用的方法，常用于检测敞口的容器，如储存石油、汽油的固定储罐和其他同类型的产品。

用这种方法进行检测时，在比较容易修补和发现缺陷的一面，将焊缝涂上白垩粉水溶液，干燥后，将煤油仔细地涂在焊缝的另一面。由于煤油的黏度和表面张力很小，渗透性很强，具有透过极小的贯穿性缺陷的能力，当焊缝上有贯穿性缺陷时，煤油就能渗透过去，并且在白垩粉涂过的表面上显示出明显的浊斑点或条带状油迹。时间一长，它们会渐渐散开成为模糊的斑迹。为了精确地确定缺陷的大小和部位，检查工作要在涂覆煤油后立即开始，发现油斑就及时将缺陷标出。

检查的持续时间和工件板厚、缺陷的大小及涂覆的煤油量有关，板越厚时间越长，缺陷较小时间也要长些，一般为15～20min。试验时间通常在技术条件中标出。如果在规定的时间内，焊缝表面上并未出现油斑，所检查的焊缝被评为合格。

这种试验方法对于对接接头的检测最为适合，而对于搭接接头的检测有一定困难，同时，对有缺陷的焊缝的修补工作也会有一定的危险，因为搭接处的煤油不易清理干净，修补时容易引起火灾。

（2）载水试验　载水试验常用来检测较浅的不承受压力的容器或敞口容器，如船体、水箱等。进行载水试验时，将容器的全部或一部分充满水，观察焊缝表面是否有水渗出。如果没有水渗出，该容器的焊缝视为合格。这种试验方法需要较长的检测时间。

（3）水冲试验　进行水冲试验时，在焊缝的一面用高压水流喷射，而在焊缝的另一面观察是否漏水。水流喷射方向与试验焊缝的表面夹角不应小于70°，水管的喷嘴直径要在15mm以上，水压应使垂直面上的反射水环直径大于400mm。检测竖直焊缝时，应从下至上喷射水流，避免已发现缺陷的漏水影响未检焊缝的检测。这种方法常用于检测大型敞口容器，如船体甲板的密封性。

（4）沉水试验　沉水试验是先将容器类焊件浸入水中，然后在容器中充灌压缩空气，为了易于发现焊缝的缺陷，被检的焊缝应置于水面下20～40mm处，当焊缝存在缺陷时，在有缺陷的地方有气泡出现。这种方法只适用于小型焊接容器，如用来检测飞机、汽车的油箱的致密性。

（5）吹气试验　吹气试验是用压缩空气对着焊缝的一面猛吹，在焊缝另一面涂上肥皂水，当焊缝有缺陷存在时，在缺陷处便会产生肥皂泡。所使用的压缩空气，其压力不得小于0.4MPa，并且气流要正对焊缝表面，喷嘴到焊缝表面的距离不得超过30mm。

（6）氨气试验　氨气试验是将容器的焊缝表面用5%的硝酸汞水溶液浸过的纸带盖严实，在容器内加入含1%体积（在常压下的含量）氨气的混合气体，加压至容器的设计承受压力值时，如果焊缝有不致密的地方，氨气就会透过焊缝，并作用到浸过硝酸汞的纸带上，使该处形成黑色的图斑。根据这些图斑，就可以确定焊缝的缺陷部位。封闭容器和敞口容器都可以采用这一试验。试验所得的硝酸汞纸带可作为判断焊缝质量的文件证据。用浸过同样溶液的普通医用绷带可代替纸带，绷带的优点是洗净后可以重复使用。这种方法比较准确、迅速和经济，同时可在低温下检测焊缝的致密性。

6. 焊接产品服役质量检验

（1）焊接产品交付后的检验

1）焊接产品检验程序和检验项目。

① 查验检验资料是否齐全。

② 核对焊接产品质量证明文件。

③ 检查焊接产品实物和质量证明文件是否一致。

④ 按照有关安装规程和技术文件规定进行焊接产品质量检验。

⑤ 对焊接产品重要部位、易产生质量问题的部位、运输中易破损和变形的部位应予以特别注意，重点检验。

2）焊接产品检验方法和验收标准。焊接产品的检验方法和验收标准应当与焊接产品制造过程中所采用的检验方法、检验项目、验收标准相同。

3）焊接质量问题的现场处理。

① 发现漏检，应做补充检查，并补齐质量证明文件。

② 因检验方法、检验项目或验收标准等不同而引起的质量问题，应尽量采用同样的检验方法和评定标准，重新评定焊接产品是否合格。

③ 可修可不修的焊接缺陷一般不退修；焊接缺陷明显超标的应进行退修。其中，大型焊接结构应尽量在现场修复，焊接结构较小而修复工艺复杂者应及时返厂修复。

（2）焊接产品使用期内的质量检验

1）焊接产品运行期间的质量监控。焊接产品运行期间一般采用声发射技术监控运行情况。

2）焊接产品检修质量的复查。对苛刻条件（腐蚀介质、交变载荷、热应力）下工作的焊接产品，有计划地定期复查。

3）服役焊接产品质量问题现场处理。对重要焊接产品的退修要重新进行工艺评定，验证焊接工艺，制订返修工艺措施，编制质量控制指导书和记录卡。

（3）焊接结构破坏事故的现场调查与分析。

1）现场调查与分析。

① 保护焊接结构破坏现场，收集所有运行记录。

② 检查运行操作过程是否正确。

③ 检查焊接结构断裂位置。

④ 检查断口部位的焊接接头表面质量和断口质量。

⑤ 测量已破坏结构部分的实际厚度，核对它的厚度是否符合图样要求，并为重新设计校核提供依据。

2）对母材和焊缝取样分析。

① 重新对已破坏结构部分进行金相检验。

② 重新复查已破坏结构部分的化学成分。

③ 重新复查已破坏结构部分的力学性能。

3）复查焊接结构的制造工艺过程。对照设计说明书重新复查焊接结构的设计参数，核查其是否符合国家标准，复核焊接结构的制造工艺过程是否符合规定，查清责任，为确定修复工艺做必要的准备。

7. 焊接检验档案的建立

焊接检验档案是整个焊接生产质量保证体系中的重要组成部分。它不仅反映了焊接产品的实际质量，而且为焊接质量控制工作提供了信息，为各类焊接产品的质量控制的统计、分析工作提供了依据，同时为焊接产品运行期间的维修和改造、事故分析等提供了质量考查的依据和历史凭证。因此，有关人员应予以高度重视。

（1）焊接检验记录　焊接检验记录至少应包括以下几方面的内容。

1）焊接产品的编号、名称、图号。

2）现场使用的焊接工艺文件的编号，如焊接工序明细卡、焊接工艺卡或焊接工艺评定等文件的编号或名称。

3）母材和焊接材料的牌号、规格、入厂检验编号。

4）焊接方法、焊工姓名、焊工钢印。

5）实际焊前预热温度、后热温度、消氢温度和时间等。

6）焊接检验方法、检验结果，包括外观检验、无损检测、水压试验和焊接试样检查等。

7）焊接检验报告编号。检验报告是指理化实验室、无损检测室等专职检验机构对焊缝质量进行检查之后，出具的证明焊缝质量的书面报告。检验报告应对焊缝质量做出肯定或否定的判断，即做出“合格”或“不合格”的结论。

8）焊缝返修方法、返修部位、返修次数等。

9）焊接检验的记录日期、记录人签字。

焊接检验记录是产品质量记录的重要部分，应按制造工序编制检验程序，编制质量控制表格，使记录规范化，并按照规定的检验程序记录，保证记录及时、完整。

（2）焊接产品检验证明书　焊接产品的检验证明书是产品完工时收集检验工作的原始记录，并进行汇总而编制的质量证明文件。焊接检验证明书的形式和内容，要根据具体产品的结构形式确定。对于焊接结构和制造工艺比较复杂、质量要求较高的产品，应将检验资料装订成册，以质量证明书的形式提供给用户。证明书中的技术数据要实用、准确、齐全、符合标准。对于结构和制造工艺比较简单、运行条件要求不高的焊接产品，检验证明书可以卡片的形式提供给用户。但是，无论哪种情况焊接检验证明书至少应包括以下内容：

1）焊接产品的名称、编号、图号。

2）焊接产品的技术规范或使用条件。

3）原材料规格，包括母材和焊丝、焊条等。

4）焊接过程资料，包括焊接方法和主要的焊接工艺、焊工姓名及焊工钢印等。

5）焊接检验资料，包括无损检测、试样检查、水压试验结果等。

6）焊缝返修记录，包括返修部位、返修方法、返修次数等。

7）责任印章，包括检验证明书的编制人员、检查组长或科长、厂长签字或印章，工厂质量合格印章，签发日期等。

焊接产品的检验证明书，一般都是印制的固定格式或标准格式。编制焊接检验证明书时，应收集原始记录并进行汇总，按照证明书的格式要求填写。检验资料必须完整、齐全、系统，技术数据必须真实准确。

（3）焊接检验档案　焊接产品运行过程中发生损坏时，需要检查和修复，查阅检验档案，考查产品的原始质量，以便采取相应的措施，保证维修质量。用户为了提高焊接产品的运行参数或改善设备的维修管理条件，对陈旧设备进行技术改造，也必须依据焊接检验档案，参考原设计来修改图样，才能完成技术改造项目。

焊接产品的检验档案应包括以下材料：

1）完整的焊接生产图样。

2）焊接检验的原始记录，包括材质检验记录、工艺检验记录和焊缝质量检验记录等。

3）焊接生产中的单据，包括材料代用单、临时更改单、工作联系单、不合格焊缝处理单等。

4）焊接检验报告，包括力学性能、无损检测及热处理等检验报告。

5）焊接检验证明书，包括焊接产品质量证书或合格证。

计 划 单

学习领域	焊接生产管理			
学习情境 2	除污器焊接生产的质量管理		学时	12 学时
任务 2.1	除污器生产过程的质量管理		学时	6 学时
计划方式	小组讨论			
序号	实施步骤		使用资源	
制订计划说明				
计划评价	评语：			
班级		第　　组	组长签字	
教师签字			日期	

决 策 单

<table>
<tr><td>学习领域</td><td colspan="8">焊接生产管理</td></tr>
<tr><td>学习情境 2</td><td colspan="6">除污器焊接生产的质量管理</td><td>学时</td><td>12 学时</td></tr>
<tr><td>任务 2.1</td><td colspan="6">除污器生产过程的质量管理</td><td>学时</td><td>6 学时</td></tr>
<tr><td colspan="7">方案讨论</td><td>组号</td><td></td></tr>
<tr><td rowspan="16">方案决策</td><td>组别</td><td>步骤
顺序性</td><td>步骤
合理性</td><td>实施可
操作性</td><td>选用工具
合理性</td><td colspan="3">原因说明</td></tr>
<tr><td>1</td><td></td><td></td><td></td><td></td><td colspan="3"></td></tr>
<tr><td>2</td><td></td><td></td><td></td><td></td><td colspan="3"></td></tr>
<tr><td>3</td><td></td><td></td><td></td><td></td><td colspan="3"></td></tr>
<tr><td>4</td><td></td><td></td><td></td><td></td><td colspan="3"></td></tr>
<tr><td>5</td><td></td><td></td><td></td><td></td><td colspan="3"></td></tr>
<tr><td>1</td><td></td><td></td><td></td><td></td><td colspan="3"></td></tr>
<tr><td>2</td><td></td><td></td><td></td><td></td><td colspan="3"></td></tr>
<tr><td>3</td><td></td><td></td><td></td><td></td><td colspan="3"></td></tr>
<tr><td>4</td><td></td><td></td><td></td><td></td><td colspan="3"></td></tr>
<tr><td>5</td><td></td><td></td><td></td><td></td><td colspan="3"></td></tr>
<tr><td>1</td><td></td><td></td><td></td><td></td><td colspan="3"></td></tr>
<tr><td>2</td><td></td><td></td><td></td><td></td><td colspan="3"></td></tr>
<tr><td>3</td><td></td><td></td><td></td><td></td><td colspan="3"></td></tr>
<tr><td>4</td><td></td><td></td><td></td><td></td><td colspan="3"></td></tr>
<tr><td>5</td><td></td><td></td><td></td><td></td><td colspan="3"></td></tr>
<tr><td>方案评价</td><td colspan="8">评语：</td></tr>
<tr><td>班级</td><td></td><td>组长签字</td><td></td><td>教师签字</td><td></td><td colspan="3">月　日</td></tr>
</table>

工　具　单

场地准备	工具准备	资料准备
焊接专业一体化教室	A2 幅面图纸 彩色卡纸 剪刀 易事贴 打印机	焊接设备使用说明书 除污器产品图样 锅炉与压力容器生产规程 企业厂房图样

作　业　单

学习领域	焊接生产管理		
学习情境 2	除污器焊接生产的质量管理	学时	12 学时
任务 2. 1	除污器生产过程的质量管理	学时	6 学时
作业方式	小组分析、个人解答、现场批阅、集体评判		
1	除污器焊接生产焊前质量管理的要点		
作业解答：			

<table>
<tr><td>2</td><td colspan="5">除污器焊接生产焊接过程质量管理的要点</td></tr>
<tr><td colspan="6">作业解答：</td></tr>
<tr><td>3</td><td colspan="5">除污器焊接生产焊后质量管理的要点</td></tr>
<tr><td colspan="6">作业解答：</td></tr>
<tr><td colspan="6">作业评价：</td></tr>
<tr><td>班级</td><td></td><td>组别</td><td></td><td>组长签字</td><td></td></tr>
<tr><td>学号</td><td></td><td>姓名</td><td></td><td>教师签字</td><td></td></tr>
<tr><td>教师评分</td><td></td><td>日期</td><td colspan="3"></td></tr>
</table>

检 查 单

<table>
<tr><td>学习领域</td><td colspan="4">焊接生产管理</td></tr>
<tr><td>学习情境 2</td><td colspan="2">除污器焊接生产的质量管理</td><td>学时</td><td>12 学时</td></tr>
<tr><td>任务 2.1</td><td colspan="2">除污器生产过程的质量管理</td><td>学时</td><td>6 学时</td></tr>
<tr><td>序号</td><td>检查项目</td><td>检查标准</td><td>学生自查</td><td>教师检查</td></tr>
<tr><td>1</td><td>任务书阅读与分析能力，正确理解及描述目标要求</td><td>准确理解任务要求</td><td></td><td></td></tr>
<tr><td>2</td><td>与同组同学协商，确定人员分工</td><td>较强的团队协作能力</td><td></td><td></td></tr>
<tr><td>3</td><td>查阅资料能力，市场调研能力</td><td>较强的资料检索能力和市场调研能力</td><td></td><td></td></tr>
<tr><td>4</td><td>资料的阅读、分析和归纳能力</td><td>较强的总结能力、报告撰写能力</td><td></td><td></td></tr>
<tr><td>5</td><td>安全生产与环保</td><td>符合“5S”要求</td><td></td><td></td></tr>
<tr><td>检查评价</td><td colspan="4">评语：</td></tr>
</table>

<table>
<tr><td>班级</td><td></td><td>组别</td><td></td><td>组长签字</td><td></td></tr>
<tr><td>教师签字</td><td colspan="3"></td><td>日期</td><td></td></tr>
</table>

评 价 单

学习领域	焊接生产管理		
学习情境 2	除污器焊接生产的质量管理	学时	12 学时
任务 2. 1	除污器生产过程的质量管理	学时	6 学时

评价类别	评价项目	子项目	个人评价	组内互评					教师评价
专业能力（60%）	资讯（8%）	收集信息（4%）							
		引导问题回答（4%）							
	计划（5%）	计划可执行度（5%）							
	实施（12%）	工作步骤执行（3%）							
		功能实现（3%）							
		质量管理（2%）							
		安全保护（2%）							
		环境保护（2%）							
	检查（10%）	全面性、准确性（5%）							
		异常情况排除（5%）							
	过程（15%）	使用工具规范性（7%）							
		操作（分析设计）过程规范性（8%）							
	结果（5%）	结果质量（5%）							
	作业（5%）	作业质量（5%）							
社会能力（20%）	团结协作（10%）	对小组的贡献（5%）							
		小组合作配合状况（5%）							
	敬业精神（10%）	吃苦耐劳精神（5%）							
		学习纪律性（5%）							
方法能力（20%）	计划能力（10%）								
	决策能力（10%）								
评价评语	评语：								

班级		组别		学号		总评	
教师签字		组长签字		日期			

任务2.2　除污器生产质量控制体系的建立

任　务　单

<table>
<tr><td>学习领域</td><td colspan="5">焊接生产管理</td></tr>
<tr><td>学习情境2</td><td colspan="3">除污器焊接生产的质量管理</td><td>学时</td><td>12学时</td></tr>
<tr><td>任务2.2</td><td colspan="3">除污器生产质量控制体系的建立</td><td>学时</td><td>6学时</td></tr>
<tr><td colspan="6">布置任务</td></tr>
<tr><td>工作目标</td><td colspan="5">通过本任务的学习，培养和锻炼学生具备以下几方面的能力：
1. 按照国际标准，制订焊接生产人员培训与考试计划的能力。
2. 利用现代化手段对信息进行收集并整理的能力。
3. 较强的办公软件应用能力。
4. 良好的表达能力。
5. 较强的沟通与团队合作能力。</td></tr>
<tr><td>任务描述</td><td colspan="5">根据除污器生产质量控制体系的要点，制订一套产品质量控制方案和一份质量控制流程图；根据除污器生产的特点建立与之相适应的质量管理体系。在完成此任务的过程中，需要了解除污器的焊接生产特点，了解除污器焊接检验的种类和特点，并了解除污器生产的焊接检验工艺及要点。</td></tr>
<tr><td>任务分析</td><td colspan="5">各小组对任务进行分析、讨论，并根据收集的信息，首先了解焊接生产人员培训与考试计划能力的要点，编制除污器生产质量控制方案和一份质量控制流程图。需要查找的内容有：
1. 焊接生产质量控制方案的要点。
2. 质量控制流程图的编制要点。
3. 焊接生产人员培训与考试计划要点。</td></tr>
<tr><td>学时安排</td><td>资讯
0.5学时</td><td>计划
1学时</td><td>决策
0.5学时</td><td>实施
3学时</td><td>检查评价
1学时</td></tr>
<tr><td>提供资料</td><td colspan="5">1. 国际焊接工程师培训教程，2012。
2. 焊接生产与工程管理，张美清，机械工业出版社。
3. 现代焊接生产与管理，张建勋，机械工业出版社。
4. 焊接生产管理，吴金杰，高等教育出版社。
5. 焊接生产管理与检测，戴建树，机械工业出版社。</td></tr>
</table>

对学生的要求	1. 具有焊接专业基础知识（焊接方法与设备），经历了专业实习，对焊接企业的产品及行业领域有一定的了解。 2. 具有独立思考、善于提问的学习习惯。能对任务书进行分析，能正确理解和描述目标要求。 3. 具有查阅资料和市场调研能力，具备严谨求实和开拓创新的学习态度。 4. 具备一定的观察理解和判断分析能力。 5. 具有团队协作、爱岗敬业的精神。 6. 具有一定的创新思维和勇于创新的精神。

资　讯　单

学习领域	焊接生产管理		
学习情境 2	除污器焊接生产的质量管理	学时	12 学时
任务 2. 2	除污器生产质量控制体系的建立	学时	6 学时
资讯方式	实物、参考资料		
资讯问题	1. 焊接工序质量的影响因素及控制措施是什么？ 2. 焊接工艺评定的一般程序是什么？ 3. 质量管理体系的建立和健全的主要标志是什么？ 4. 质量控制点如何设置？ 5. 焊接生产质量管理体系的主要控制系统与控制环节是什么？ 6. 质量管理机构及工作方式是什么？		
资讯引导	资讯问题 1、2 可参考《国际焊接工程师培训教程》，哈尔滨焊接技术培训中心，2012。 资讯问题 3、4、5 可参考《焊接生产管理与检测》，戴建树，机械工业出版社，2004。 资讯问题 6 可参考《焊接生产与工程管理》，张美清，机械工业出版社，2009。		

信 息 单

2.2.1 焊接工序质量的影响因素及控制措施

现代质量管理认为，为使产品达到所要求的各项质量指标，应从生产的每一道工序抓起，通过控制和调整影响工序质量的因素来保证。而工序质量又要通过工作质量、采取各种管理手段来实现。因此，在质量管理工作中，要以工作质量来保证工序质量，用工序质量来保证产品质量。为实现质量目标，就必须在管理体制上建立一套有效的、便于操作的质量管理体系。

工序质量是指在生产过程中加工工序对产品质量的保证程度。换句话说，产品质量是以工序质量为基础的，只有具有优良的工序加工质量才能生产出优良的产品。产品的质量不仅仅是在完成全部加工装配工作之后，再由专职检验人员测定若干技术参数，并获得用户认可就算达到了要求，而是在加工工序一开始就存在并贯穿于生产的全过程中。最终产品合格与否，取决于全部工序误差的累积结果。所以，工序是生产过程的基本环节，也是检验的基本环节。

焊接结构的生产包括许多工序，如金属材料的去污除锈，备料时的矫直、划线、下料、坡口边缘加工、成形，焊接结构的装配、焊接、热处理等。各个工序都有一定的质量要求，并存在影响其质量的因素。由于工序的质量最终将决定产品的质量，因此，必须分析影响工序质量的各种因素，并采取切实有效的控制措施，才能保证焊接产品的质量。

影响工序质量的因素，概括起来有人员、设备、材料、工艺方法和生产环境五个方面，简称“人、机、料、法、环”五因素。各个因素对不同工序质量的影响程度有很大差别，应具体情况具体分析。焊接是焊接结构生产中的重要工序，影响其质量的因素同样包括上述五个方面。

1. 施焊操作人员因素

各种不同的焊接方法对操作人员的依赖程度不同。对于焊条电弧焊，焊工高超的操作技能和谨慎的工作态度对保证焊接质量至关重要。对于埋弧焊，焊接参数的调整和施焊工作也离不开焊工的操作。对于各种半自动焊，电弧沿焊接接头的移动也靠焊工掌握。若焊工施焊时质量意识差，操作粗心大意，不遵守焊接工艺规程或操作技能低下、技术不熟练等都会直接影响焊接的质量。因此，需要对施焊人员采取如下的控制措施。

1）加强对焊工“质量第一、用户第一、下道工序是用户”的质量意识教育，提高他们的责任心和培养他们一丝不苟的工作作风，并建立质量责任制。

2）定期对焊工进行岗位培训，使他们在理论上掌握工艺规程，在实践上提高操作技能水平。

3）生产中要求焊工严格执行焊接工艺规程，加强焊接工序的自检与专职检验人员的检查。

4）认真执行焊工考试制度，坚持焊工持证上岗，建立焊工技术档案。对于重要或重大的焊接结构生产，还需对焊工进行更细化的考核。例如，焊工的培训时间、生产经验、技术状况、年龄、工龄、体力、视力、注意力等，应当全部纳入考核的范围。

2. 焊接机器设备因素

各种焊接设备的性能及其稳定性与可靠性将直接影响焊接质量。设备结构越复杂，机械化、自动化程度越高，焊接质量对它的依赖性也就越高。所以，要求焊接设备具有较好的性能及稳定性。对焊接设备在使用前必须进行检查和试用，对各种在役焊接设备要实行定期检验制度。在焊接质量保证体系中，从保证焊接工序质量出发，对焊接机器设备应做到以下几点：

1）定期对焊接设备进行维护、保养和检修，重要焊接结构生产前要进行试用。

2）定期校验焊接设备上的电流表、电压表、气体流量计等各种仪表，保证生产时计量准确。

3）建立焊接设备状况的技术档案，为分析、解决出现的问题提供思路。

4）建立焊接设备使用人员责任制，保证设备维护的及时性和连续性。

另外，焊接设备的使用条件，如对水、电、环境等的要求，焊接设备的可调节性、运行所需空间、误差调整等也需要充分注意，这样才能保证焊接设备正常使用。

3. 焊接原材料因素

焊接生产所使用的原材料包括母材、焊接材料（焊条、焊丝、焊剂、保护气体）等，这些材料的自身质量是保证焊接产品质量的基础和前提。为了保证焊接质量，原材料的质量检验很重要。在生产的起始阶段，即投料之前就要把好材料关，才能稳定生产，稳定焊接产品的质量。在焊接质量管理体系中，对焊接原材料的质量控制主要有以下措施：

1）加强焊接原材料的进厂验收和检验，必要时要对其化学成分和力学性能进行复验。

2）建立严格的焊接原材料管理制度，防止储备时焊接原材料出现污损。

3）在生产中实行焊接原材料标记运行制度，以实现对焊接原材料质量的追踪控制。

4）选择信誉比较高、产品质量比较好的焊接原材料供应厂和协作厂进行订货和加工，从根本上防止焊接质量事故的发生。

总之，对焊接原材料的把关应当以焊接规范和国家标准为依据，及时追踪控制其质量，不能只管进厂验收，而忽视生产过程中的标记和检验。

4. 焊接工艺方法因素

焊接质量对工艺方法的依赖性很强。焊接工艺方法在影响焊接工序质量的各因素中占有非常突出的地位，其对焊接质量的影响主要来自两个方面，一方面是工艺制订的合理性，另一方面是工艺执行的严格性。首先要对某一产品或某种材料的焊接工艺进行工艺评定，然后根据工艺评定报告和图样技术要求制订焊接工艺规程，编制焊接工艺说明书或焊接工艺卡。这些以书面形式表达的各种工艺参数是施焊时的依据，它们是根据模拟相似的生产条件所做的试验和长期积累的经验以及产品的具体技术要求而编制出来的，是保证焊接质量的重要基础，具有规定性、严肃性、慎重性和连续性的特点。这些工艺规程通常由经验比较丰富的焊接技术人员编制，以保证其正确性与合理性。在此基础上确保贯彻执行工艺方法的严格性，在没有充足根据的情况下不能随意变更工艺参数，即使需要改变，也要履行一定的程序和手续。不合理的焊接工艺规程不能焊出合格的焊缝，但有了经评定验证正确合理的工艺规程，若不严格贯彻执行，同样也不能焊出合格的焊缝。两者相辅相成，相互依赖，不能忽视或偏废任何一方面。在焊接质量管理体系中，对影响焊接工艺方法的因素进行有效控制的措施有：

1）必须按照有关规定或国家标准对焊接工艺进行评定。

2）选择有经验的焊接技术人员编制所需的工艺文件，工艺文件要完整和连续。

3）按照焊接工艺规程的规定，加强施焊过程中的现场管理与检查。

4）在生产前，要按照焊接工艺规程制作焊接产品试板与焊接工艺检验试板，以验证工艺方法的正确性与合理性。

此外，焊接工艺规程的制订要详细，对重要的焊接结构要有质量事故的补救预案，把损失降到最低。对各种焊接工艺方法的重要因素和补加因素的考核可参考表2-16，对各种焊接工艺方法次要因素的考核可参考表2-17。

表 2-16　焊接工艺方法的重要因素、补加因素与焊接缺陷的关系

工艺条件	夹渣	未熔合	未焊透	咬边	变形	气孔	裂纹	焊接人员
焊接方法	○	○	○	○	○	○	○	◎
焊接材料	△	△	△	○		◎	◎	◎
施焊位置	◎	◎	◎	○	○	△	○	◎
焊接接头	◎	◎	◎	◎	◎	◎	◎	○
焊接结构				○	◎		○	◎
定位焊	○	○	○		◎	○	○	○
焊工培训	○	○	○	◎	○	○	○	◎

注：◎表示有很大关系；○表示有一定关系；△表示关系一般。

表 2-17　焊接工艺方法的次要因素与焊接缺陷的关系

施焊工艺	夹渣	未熔合	未焊透	咬边	变形	气孔	冷裂	热裂
焊缝坡口形式	◎	◎	◎	○	○		○	○
坡口清理情况						◎	◎	
中间焊道形状	◎	◎						
焊缝除渣情况	◎							
焊前预热情况	△	△	△			○	◎	
焊接电流大小			○	◎		◎	○	○
焊接电弧长度				○		◎	△	
焊条运条角度	○	○	○	◎				
焊接运条方式						△		
焊缝熔敷方式	△	△	△	△				
施焊位置	○	○	○	○				
自然环境风力						○	○	

注：◎表示有很大关系；○表示有一定关系；△表示关系一般。

（1）焊接工艺评定　焊接工艺评定是通过焊接接头的力学性能或其他性能的试验证实焊接工艺规程的正确性和合理性的一种程序。生产厂家应按照国家有关标准、监督规程或国际通用的法规，自行组织并完成焊接工艺评定工作。

焊接工艺评定试验不同于以科学研究和技术开发为目的而进行的试验，其目的主要有两个：一是验证焊接产品制造之前所拟订的焊接工艺是否正确；二是评定在所拟订的焊接工艺合格的情况下，焊接结构生产单位能否制造出符合技术条件要求的焊接接头。所以焊接工艺评定的目的在于检验、评定所拟订的焊接工艺是否正确、是否合理、能否满足产品设计和标准规定，评定焊接结构生产单位是否有能力焊接出符合要求的焊接接头，为制订焊接工艺提供可靠依据。

（2）焊接工艺评定的一般程序　各生产单位因产品质量管理机构不尽相同，工艺评定程序会有一定差别。以下为焊接工艺评定的一般程序。

① 焊接工艺评定立项。

② 下达焊接工艺评定任务书。

③ 编制焊接工艺指导书。

④ 编制焊接工艺评定试验执行计划。

⑤ 试件的准备和焊接。

⑥ 焊接试件的检验。

⑦ 编写焊接工艺评定报告。

对于评定中不合格的项目，应找出原因并纠正后进行评定。最后应将所有文件，如焊接工艺评定任务书、焊接工艺评定报告、施焊记录、各项检验试验报告等存档保存，以备调用。

5. 环境因素

在特定环境下，焊接质量对环境的依赖性也是较大的。焊接操作常常在室外露天进行，必然受到外界自然条件（如温度、湿度、风力及雨、雪天气）的影响，在其他因素一定的情况下，也可能单纯因环境因素造成焊接质量问题。所以，也应引起一定的注意。在焊接质量管理体系中，环境因素的控制措施比较简单，当环境条件不符合规定要求时，如风力较大，风速大于四级，或雨雪天气，相对湿度大于90%，可暂时停止焊接工作，或采取防风、防雨雪措施后再进行焊接。在低气温下焊接时，低碳钢不得低于 -20℃，普通合金钢不得低于 -10℃，如超过这个温度界限，需要对工件进行适当的预热。

通过以上对影响焊接工序质量的五个方面的因素及其控制措施、原则的分析，可以看到，五个方面的因素互相联系、互相交叉，考核时要有系统性和连续性。

6. 焊接生产质量影响因素的分析方法

在实际生产中，质量事故难免发生，如何快速找出原因并提出解决措施，是关系到生产成本、工期的大问题。可以采用因果分析图法（鱼骨图）进行质量分析。在生产实践中，任何质量问题的产生，都是多种因素造成的。上述影响焊接生产质量的五大因素是按宏观划分的。实际上，每一个大因素又包括若干小因素。把各种因素依照大小次序分别用主干、大枝、中枝、小枝图形表示出来，便可逐一排查产生质量问题的原因。现以焊缝质量不合格的质量问题为例，阐明鱼骨图的画法。

1）决定特性。特性就是需要解决的质量问题——焊缝质量不合格，放在主干箭头的前面。

2）确定影响质量特性的大枝。主要是影响质量的五大因素。

3）进一步找出中、小原因，并画出中、小细枝。

4）发扬技术民主，反复讨论，补充遗漏的因素。

5）针对影响质量的因素，有的放矢地制订对策，通过对策图的形式列出，并落实到解决问题的人和时间，限期改正。

2.2.2 焊接生产质量管理体系

随着现代焊接技术的迅猛发展、焊接生产水平的不断提高和国际焊接制品贸易的日益扩大，为了保证焊接产品的质量，有效地利用资源，保护用户的利益，焊接产品的质量管理逐步规范化、标准化。1987 年 3 月，国际标准化组织（ISO）正式发布了 ISO 9000 ~ 9004 关于质量管理和质量保证的标准系列。1994 年、2000 年和 2008 年，国际标准化组织三次修订 ISO 9000 族标准，使之更为简化、重点更加突出、更加科学，并将质量保证体系提高到质量管理体系的水平。我国相应于 2000 年发布了等效采用该国际标准系列的 GB/T 19000—2000《质量管理体系》标准系列，并于 2008 年对其进行了修订。

1. 焊接生产质量管理概念

质量管理的核心内涵是使人们确信某一产品（或服务）能满足规定的质量要求，并且使需方对供方能否提供符合要求的产品和是否提供了符合要求的产品掌握充分的证据，建立足够的信心，同时，也使本企业自己对能否提供满足质量要求的产品（或服务）有相当的把握而放心地组织生产。

对焊接生产质量进行有效的管理和控制，使焊接结构制作和安装的质量达到规定的要求，是焊接生产质量管理的最终目的。

焊接生产质量管理实质上是在具备完整质量管理体系的基础上，运用下列六个基本观点，对焊接结构制作与安装工程中的各个环节和因素所进行的有效控制。

1）系统工程观点。

2）全员参与质量管理观点。

3）实现企业管理目标和质量方针的观点。

4）对人、机、物、法、环实行全面质量控制的观点。

5）质量评价和以见证资料为依据的观点。

6）质量信息反馈的观点。

2. 焊接生产企业的质量管理体系

企业为了实现质量管理，制订质量方针和质量目标，分解产品（工程）质量形成过程，设置必要的组织机构，明确责任制度，配备必要的设备和人员，并采取适当的控制方法使影响产品（工程）质量的五大因素都得到控制，以减少、消除、特别是预防质量缺陷的产生，所有这些形成的一个有机整体就是质量管理体系。该体系的建立与运转，可向需方提供自己的质量体系满足合同要求的各种证据，包括质量手册、质量记录和质量计划等。

为了保证产品的焊接质量，国家质量监督检验检疫总局和国家标准化管理委员会对已有国家推荐标准进行了修订，于 2009 年 10 月 30 日发布了 GB/T 12467—2009《金属材料熔焊质量要求》，并于 2010 年 4 月 1 日起实施。该标准分为五个部分，是一套结构严谨、定义明确、规定具体而又实用的专业标准，其中规定了钢制焊接产品质量保证的一般原则；对企业的要求；钢熔化焊接头的质量要求与缺陷分级。认真学习和研究这套标准，将其与 GB/T 19000—2008 标准系列和企业的实际结合起来，建立起比较完善的焊接结构质量管理体系，对于提高企业的焊接质量管理水平和质量保证能力，确保焊接产品（工程）质量符合规定的要求具有重要的现实意义，并且也符合企业的长远发展和利益。

由于产品的质量管理体系是运用系统工程的基本理论建立起来的，因此可把产品制造的全过程，按其内在的联系，划分为若干个既相对独立又有机联系的控制系统、控制环节和控制点，并采取组织措施，遵循一定的制度，使这些控制系统、环节和点的工作质量得到有效的控制，并按规定的程序运转。所谓组织措施，就是要有一个完整的质量管理机构，并在各控制系统、控制环节和控制点上配备符合要求的质量控制人员。

3. 质量控制点的设置

质量控制点又称为“质量管理点”。任何一个生产施工过程或活动都会有许多项质量特性要求，这些质量特性的重要程度对产品（工程）使用的影响程度并不完全相同。例如，压力容器原材料的质量好坏、焊缝的质量优劣对容器的安全性影响很大，而容器表面的油漆刷涂颜色不均匀却只影响容器的外观。前者的影响是致命的，非常重要；后者是外观效果问题，在一定条件下，客户还是可以接受的。因此，为保证工序处于受控状态，在一定时间和一定条件下，在产品制造过程中需要重点控制的质量特性、关键部件或薄弱环节就是质量控制点。

如何设置质量控制点，需要对产品（工程）的质量特性要求和生产施工过程中的各个工序进行全面分析来确定。设置质量控制点一般应考虑以下原则：

1）对产品（工程）的适用性（性能、精度、寿命、可靠性、安全性等）有严重影响的关键质量特性、关键部位或重要影响因素，应设质量控制点。

2）工艺上有严格要求，对下一道工序的工作有严重影响的关键质量特性、关键部位，应设质量控制点。

3）质量不稳定，出现不合格品多的工序或项目，应建立质量控制点。

4）用户反馈的重要不良项目，应建立质量控制点。

5）紧缺物资或可能对生产安排有严重影响的关键项目，应建立质量控制点。

焊接生产是焊接结构质量控制的最重要内容和环节。国际焊接学会（IIW）所制定的压力容器制造（包括现场组装）全过程的质量控制要点共164个，其中与焊接有关的质量控制要点就有144个，见表2-18。

表2-18　国际焊接学会（IIW）制定的压力容器制造质量控制要点

控制项目	控制要点数
计划与计算书审核	6
母材验收与控制	20
焊材等消耗材料验收与控制	30
焊接工艺评定	23
焊前准备工作控制	4
焊接过程控制	15
焊后控制	20
热处理控制	20
出厂前试验（水压试验等）	6

4. 焊接生产质量管理体系的主要控制系统与控制环节

焊接生产质量管理体系中的控制系统主要包括：材料质量控制系统、工艺质量控制系统、焊接质量控制系统、无损检测质量控制系统和产品质量控制系统等。在每个控制系统中均有自己的控制环节和工作程序、检查点及责任人员。

（1）材料质量控制系统　它是从编制材料计划到订货、采购、到货、验收、保管、发放、标记移植等全过程进行控制，重点是入厂（场）验收并严格管理和可靠发放，坚持标记移植制度。

（2）工艺质量控制系统　它是对生产工艺或施工方案的分析确定、工艺规程和工艺卡的编制、生产定额估算等一系列工作进行控制的流程。

（3）焊接质量控制系统　其涉及的范围比较宽，主要包括焊工考核、焊接工艺评定、焊接材料管理、焊接设备管理和产品焊接五条控制线。

（4）无损检测质量控制系统　由于无损检测的任务不同，控制程序繁简不同，故对无损检测的要求也不同。如原材料只要求做超声检测，经无损检测责任工程师签发无损检测记录报告后交材料检验员，作为原材料检验原始资料的一部分。而焊工技能考试及工艺评定试板的控制程序是相同的，其无损检测记录报告签发后，交焊接试验室立案存档。

（5）产品质量控制系统　产品质量控制系统实际上反映了产品制作全过程的控制，由于职责分工的不同，如材料、焊接、无损检测是由各独立的系统加以控制的，产品质量控制系统可着重于以上各系统之外的加工工序的质量控制和产品最终检验环节的监控。

5. 质量管理机构及工作方式

质量管理机构的设置和复杂程度，主要取决于产品质量管理控制系统、控制环节和控制点的划分情况。一般这些系统、环节和点划分得越细，质量管理机构就越复杂，需要的岗位责任人员也越多。质量管理机构由一定的职能部门（如企业的质量管理办公室）、产品质量主要负责人（一般是企业的厂长或经理）、产品质量主要保证人（一般是企业技术总负责人或质量管理主要保证人，常称质量管理工程师）、各控制系统责任人（常称系统责任工程师或主管工程师）以及各控制点岗位责任人（多由各关键工序岗位生产人员担任）组成。各级质量控制责任人，除应对本岗位、本环节和本系统工作质量负责外，还应向上一级质量控制责任人、质量管理总负责人，最后向企业厂长（经理）保证工作，形成一个完整的质量控制网络。

6. 建立“三检制度”

“三检制度”包括自检、互检、专检，是施行全员参与质量管理的具体表现。

（1）自检

1）操作人员在操作过程中，必须进行个人自检，并填写有关检验评定表中的自检项目内容。经班组长验收后方可继续其他部位的生产施工。

2）班组长对所负责的分项工程施工或零部件生产，必须按相应的质量检验评定表中所列的检查内容，在生产过程中逐项检查班组成员的操作质量。在完成后会同质量干事逐项地进行班组自检，并认真填写自检记录，经自检达标后方可提请工长或车间主任组织质量验收。

3）工长或车间主任除督促班组认真自检、填写自检记录，为班组创造自检条件外，还要对班组操作质量进行中间检查。在班组自检达标的基础上，组织施工队或车间自检。经自检合格后方可提请项目经理或单位质量负责人组织专检人员进行质量核验。

4）项目经理或单位质量负责人必须认真地组织专检人员、有关工长（车间主任）、班组长进行所承担生产项目的质量核验。专检人员在核验时，要先查阅班组自检记录，无班组自检记录的，不予进行质量核验评定。

5）项目经理、工长对未经专检人员进行核验，或虽经核验但未达标的分项任务不得安排进行下一道工序，否则要追究责任。

（2）互检

1）工种间的交接检查。在上一道工序完成后下一道工序开始前，必须组织交接双方工长、班组长进行交接检查。由交方工长填写“工种交接检查表”，经双方认真检查并签认后，方可进行下一道工序施工。未经交接检查或虽经交接检查但未达到要求的产出物，接方可拒绝下一道工序施工。

2）总、分包间的交接检查。对规范、规程、标准及施工图样中规定的，需要在工序间进行检查的项目，交方应按接方要求认真填写“总、分包交接检查表”，移交有关资料和进行交接签证等工作，否则不得进行下一道工序。

3）隐藏项目的交接检查。有很多工序完成后，其产出物会被下一道工序的产出物所掩盖或封闭。如箱型梁内的焊缝，即是被封闭隐藏的。负责下一道工序的单位必须在隐蔽前填写“隐蔽项目交接检查表”，与负责前一道工序的单位办理交接检查手续。经交方自检（指安装工程中的隐蔽部位）或交接双方共同检查，达到质量标准并经双方签认后，方可进行下一道工序的施工生产。否则，由负责最后一道工序的单位或部门承担一切后果。

4）成品、半成品保护交接检查。

① 进行下一道工序施工的单位在施工前，必须对已完成的成品、半成品进行保护。在生产施工过程中始终要采取防止成品、半成品损坏（或污染等）的有效措施。

② 若上一道工序加工出成品、半成品后不向下一道工序办理成品、半成品保护手续，则当发生成品、半成品损坏、污染、丢失时，由负责上一道工序的单位承担后果。

③ 对于已办理成品、半成品保护交接检查的项目，当发生成品损坏、污染、丢失等问题时，由负责下一道工序的单位承担后果。

（3）专检

1）所有分项任务，隐检、预检项目，必须按程序，作为一道工序，提请专检人员进行质量检验评定。未经专检人员检验评定的项目，或虽经检验评定未达到质量标准的项目，不得进行下一道工序。对违反此规定的责任者，专检人员有权对其实行处罚。

2）专检人员进行分项任务质量核验之前，要查阅班组自检记录是否符合要求，无自检记录或自检记录不符合要求时，不予进行核验，以促进班组质量管理工作。对有自检记录的分项任务，在对其评定时应会同项目经理组织工长、班组长共同进行，并以专检人员核验评定的质量等级为准。

3）专检人员在核验评定分项任务工程质量等级时，必须按照质量标准、质量控制设计目标认真检查、严格把关。在施工过程中，应认真检查原材料、成品、半成品的质量是否符合要求，并主动协助工长、班组长搞好质量管理和工程质量。要注重抓薄弱环节、抓重点部位、抓质量通病及抓隐检和预检等工作。

7. 建立健全质量信息系统

建立健全质量信息系统主要由专职的质量管理人员、技术人员来执行，但是生产工人在其中也应发挥积极的作用。生产现场中的质量缺陷预防、质量维持、质量改进，以及质量评定都离不开及时正确的质量动态信息、指令信息和质量反馈信息。对各种需要的数据进行收集、整理、传递和处理，形成一个高效的信息闭环系统，是保证现场质量管理正常开展的基本条件之一。

质量动态信息是指生产施工现场的质量检验记录，各种质量报告，工序控制记录，原材料、半成品、构件及配套件的质量动态等。指令信息是上级管理部门发出的各种有关质量工作的指令。这些指令是质量工作必须遵循的准则，也是质量管理活动中进行比较的标准。质量反馈信息是指在执行质量指令过程中产生的偏差信息，即与规定目标、要求、标准比较后出现的异常情况信息。这种异常信息要及时反馈到有关人员和相应的决策机构，以便迅速做出新的判断，形成新的调节指令信息。

现场生产工人在日常的生产活动中，都应该提供必要的质量动态信息和质量反馈信息，而这些信息又可为制定指令信息提供第一手资料。

现场质量管理应注意以下三点：

1）对于施工过程中进行的质量缺陷预防以及质量维持、改进、评定等活动，应明确规定相应的责任及相互间的协调关系，赋予应有的权限，落实到有关部门和具体人员中去，并坚持检查考核，同奖惩挂钩。

2）根据现场施工过程要实现的质量目标，将以上工作和活动标准化、制度化、程序化，进而构成现场的质量体系。

3）为了督促工人严格遵守工艺纪律，有必要建立考核工艺纪律执行情况的奖惩责任制。

8. 对钢熔化焊接接头的基本要求和缺陷分级

对钢熔化焊焊接接头的要求及缺陷的分级适用于熔化焊的对接接头、角接接头、搭接接头及T形接头。其主要内容由对焊接接头的要求、缺陷分级、缺陷评级依据、缺陷检验及图样标示五部分组成，其中包括焊接接头的外观缺陷。

（1）对焊接接头的要求和缺陷分级

1）对焊接接头性能的要求。对焊接接头性能的要求包括常温拉伸性能、常温冲击性能、常温弯曲性能、高温瞬时拉伸性能、高温持久拉伸或蠕变性能、低温冲击性能、疲劳性能、断裂韧性、耐蚀和耐磨等特定性能等。对于具体的焊接产品，设计文件或技术要求中必须明确规定焊接产品对焊接接头性能要求的具体项目和指标，并同时符合相应产品的设计规程、规则或法规。不能超越焊接产品的服役条件随意增加或删减焊接接头性能要求的项目和指标。这些项目和指标都是该产品符合质量要求的体现。

2）焊接接头外观及内在缺陷分级。钢的弧焊接头外观及内在缺陷的分级共16项（可参看国家标准GB/T 19418—2003）。主要包括焊缝外形尺寸偏差、裂纹、夹渣、气孔、内部缺陷等，供产品制造及焊接工艺评定质量验收时使用。除特别注明角焊缝以外，各种缺陷的分级通用于对接接头和角接接头焊缝。若供需之间的合同规定不采用国家标准，则必须在设计及制造文件中加以说明，而不能仅在合同中说明。

（2）焊接缺陷评级的依据　凡已经有焊接设计规程或法定验收规则的产品，按照规定办理。没有相关规定的焊接产品在评级时应考虑载荷性质、服役环境、产品失效后的影响、选用材质及制造条件等因素的影响，并换算成相应的级别。对于技术要求较高但又无法实施无损检测的焊接产品，则必须对焊工进行考核，对焊接工艺进行产品适应性模拟件考核，并对其全过程实施责任记录制度及监督制度，以确保焊接产品符合质量要求。

（3）焊接缺陷检验　焊接产品的外观及断口宏观检验时，所使用放大镜的倍数应以放大5倍为限。不能任意加大或缩小放大倍数。采用无损检测方法时，应按国家标准规定进行。在确定缺陷的性质和尺寸时，也可以使用多种检验方法进行综合分析。

（4）焊接缺陷分级的代号标示　当要求按国家标准的规定对缺陷分级时，可以在图样上标注该国家标准号及缺陷分级代号，以简化技术文件的内容。在咬边经磨削修整并平滑过渡的情况下，应按焊缝的最小允许厚度值进行评定。在特殊条件下要求焊缝平缓过渡时，如搭接接头、不等厚板对接及角接组合焊缝等，缺陷分级可不受国家标准的限制。

9. 质量管理体系正常运转的主要标志

1）质量管理体系各级责任人员上岗工作，并有连续的工作记录。

2）产品在加工制造过程中，各项质量控制见证资料应完整，签字手续齐全，内容真实可靠，经得起验证。

3）用户意见和制造质量信息反馈资料能及时处理。

4）能定期召开质量分析会议，以便于产品质量的不断提高。

5）出厂产品质量符合标准要求。

2.2.3　质量管理体系典型案例

以某化工设备厂在20m³汽油储罐筒节生产中的质量管理记录为例，初步了解质量管理体系的运行过程。

1. 下料

下料员完成筒节的划线、切割后，进行自检，并填写下料送检单（表2-19），报下一道工序（成形）班长和质检科。由成形班班长进行互检、质检科检验员进行专检，确认检验结果。最后将表格送交质检科存档。

表2-19　化工设备厂下料送检单

产品名称及规格	20m³汽油储罐			产品编号		42201002		
工件名称	编号	数量/台	下料尺寸/mm	质量要求/mm	实测数据/mm	检验结论	转入工序	其他
筒节	040312	1	长6932 宽1865	长±2 宽±2 对角≤3	长6933 宽1864 对角2	合格	卷圆	
自检签名：×××		互检签名：×××			检验员：×××		××××年××月××日	

2. 卷圆

成形班按照筒节加工工艺卡要求，进行卷圆，开展自检，并填写相应送检单（表2-20），报送焊接班班长和质检科。由焊接班班长会同质检科检验员当日进行互检、专检，确认检验结果。最后将表格送交质检科存档。

表 2-20　化工设备厂加工车间送检单

班组：成形 1 班

产品名称及规格		20m³ 汽油储罐		产品编号	42201002	数量	1 台
工件名称	筒节	完成工序	卷圆	转入工序	纵缝焊接		
编号	040312						

自检结果	互检结果	专职检验结果
装配间隙 1 ~ 2mm；错边 <1mm； 圆度误差≤1mm； 定位焊牢固，表面无缺陷	装配间隙 1 ~ 2mm；错边 <1mm； 圆度误差≤1mm； 定位焊牢固，表面无缺陷	符合工艺卡质量要求，合格
自检签名：××× ××××年××月××日	互检签名：××× ××××年××月××日	检验员：××× ××××年××月××日

3. 纵缝焊接

焊工施焊纵缝及产品焊接试板，填写焊接记录卡（表 2-21）。焊工班班长经外观自检，填写焊缝检验委托单（表 2-22），并将焊接试板送质检科进行理化试验。专检人员现场抽检焊工执行工艺规程的情况，并校核焊接记录卡内容。

表 2-21　化工设备厂焊接记录卡

产品名称及规格	20m³ 汽油储罐			产 品 编 号		42201002
焊缝名称	编号	焊工编号	零件名称	编号	零件名称	材质标记
筒节纵缝	040312A1	16	筒节	040312	—	—

工步名称	焊接方法	材料牌号及规格	焊接电流/A	焊接电压/V	保护气体流量/（L/min）	焊接速度	层间温度/℃
打底焊	CO_2 气体保护焊	H08Mn2SiA $\phi1.0$mm	80 ~ 90	16 ~ 18	12		室温
填充焊	CO_2 气保焊	H08Mn2SiA $\phi1.0$mm	100 ~ 120	18 ~ 20	12		100 ~ 150
盖面焊	CO_2 气保焊	H08Mn2SiA $\phi1.0$mm	120 ~ 130	18 ~ 20	12		100 ~ 150
焊工签名：×××		巡检员签名：×××		××××年××月××日			

表 2-22　化工设备厂焊缝检验委托单

产品名称及规格	20m^{3}汽油储罐		产品编号		42201002
工件名称	编号	焊缝名称	编号	焊工编号	送检单位
筒节	040312	纵缝	040312A1	16	冷焊车间
要求检验项目	焊缝质量、几何尺寸、试板力学性能、其他				
自检结果	焊缝表面无超出规定的缺陷，合格　　班组长签名：×××　××××年×月×日				
建议	目检外观；按20%拍片，Ⅱ级合格；试板做拉伸、冲击试验 质量负责人签名：×××　××××年××月××日				
经办人：×××					××××年××月××日

4. 检验

质量检测员完成无损检测及试板力学性能试验后，填写无损检测合格通知单（表2-23）及产品试板合格通知单（表2-24）各一式两份，一份送达车间，以便车间进行下一道工序，一份送质检科存档。

表 2-23　化工设备厂无损检测合格通知单

产品名称及规格	20m^{3}汽油储罐			产品编号		42201002	
工件名称	筒节	焊缝编号	040312A1	返修单号		合格次数	1
编　号	040312	焊工编号	16	返修次数		合格日期	××××年××月××日
检测结果	1片——Ⅱ级，合格			检测员签名：×××			××××年××月××日
复核人签名：×××		××××年××月××日		签收人签名：×××			××××年××月××日

表 2-24　产品试板合格通知单

产品名称及规格	20m^{3}汽油储罐	产品编号	42201002	工艺评定号	2002－03
试板号	040312	材料牌号	Q235A	焊接方法	CO_2气体保护焊
焊工编号	16			焊接材料	ϕ1.0mm H08Mn2SiA
检测结果	Ⅱ级，合格　　评定员签名：×××　　××××年××月××日				
接头力学性能	σ_b＝439MPa，σ_S＝319MPa，延伸率＝32.9%，冲击吸收能量＝73、97、87J 结论：合格　　试验员签名：×××　　××××年××月××日				
复核人签名：×××	××××年××月××日		签收人签名：×××		××××年××月××日

以上是筒节制作过程中质量控制的有关记录，整个产品的制作过程质量控制均基本按此过程记录。最后，质检科还会将所有检验记录汇总为产品质量记录卡。

总之，在开展质量管理的过程中，始终要坚持“想到的要能写到，写到的要能做到，做到的要能记到，记到的要能找到”的“四到”原则。

计　划　单

学习领域	焊接生产管理		
学习情境2	除污器焊接生产的质量管理	学时	12学时
任务2.2	除污器生产质量控制体系的建立	学时	6学时
计划方式	小组讨论		

序号	实施步骤	使用资源

制订计划说明	
计划评价	评语：

班级		第　　组	组长签字	
教师签字			日期	

决　策　单

<table>
<tr><td>学习领域</td><td colspan="6">焊接生产管理</td></tr>
<tr><td>学习情境 2</td><td colspan="4">除污器焊接生产的质量管理</td><td>学时</td><td>12 学时</td></tr>
<tr><td>任务 2.2</td><td colspan="4">除污器生产质量控制体系的建立</td><td>学时</td><td>6 学时</td></tr>
<tr><td colspan="5">方案讨论</td><td>组号</td><td></td></tr>
<tr><td rowspan="16">方案决策</td><td>组别</td><td>步骤
顺序性</td><td>步骤
合理性</td><td>实施可
操作性</td><td>选用工具
合理性</td><td colspan="2">原因说明</td></tr>
<tr><td>1</td><td></td><td></td><td></td><td></td><td colspan="2"></td></tr>
<tr><td>2</td><td></td><td></td><td></td><td></td><td colspan="2"></td></tr>
<tr><td>3</td><td></td><td></td><td></td><td></td><td colspan="2"></td></tr>
<tr><td>4</td><td></td><td></td><td></td><td></td><td colspan="2"></td></tr>
<tr><td>5</td><td></td><td></td><td></td><td></td><td colspan="2"></td></tr>
<tr><td>1</td><td></td><td></td><td></td><td></td><td colspan="2"></td></tr>
<tr><td>2</td><td></td><td></td><td></td><td></td><td colspan="2"></td></tr>
<tr><td>3</td><td></td><td></td><td></td><td></td><td colspan="2"></td></tr>
<tr><td>4</td><td></td><td></td><td></td><td></td><td colspan="2"></td></tr>
<tr><td>5</td><td></td><td></td><td></td><td></td><td colspan="2"></td></tr>
<tr><td>1</td><td></td><td></td><td></td><td></td><td colspan="2"></td></tr>
<tr><td>2</td><td></td><td></td><td></td><td></td><td colspan="2"></td></tr>
<tr><td>3</td><td></td><td></td><td></td><td></td><td colspan="2"></td></tr>
<tr><td>4</td><td></td><td></td><td></td><td></td><td colspan="2"></td></tr>
<tr><td>5</td><td></td><td></td><td></td><td></td><td colspan="2"></td></tr>
<tr><td>方案评价</td><td colspan="7">评语：</td></tr>
<tr><td>班级</td><td></td><td>组长签字</td><td></td><td>教师签字</td><td></td><td>月　日</td></tr>
</table>

工 具 单

场地准备	工具准备	资料准备
焊接专业一体化教室	A2 幅面图纸 彩色卡纸 剪刀 易事贴 打印机	焊接设备使用说明书 除污器产品图样 锅炉与压力容器生产规程 企业厂房图样

作 业 单

学习领域	焊接生产管理		
学习情境 2	除污器焊接生产的质量管理	学时	12 学时
任务 2. 2	除污器生产质量控制体系的建立	学时	6 学时
作业方式	小组分析、个人解答、现场批阅、集体评判		
1	除污器生产下料阶段质量管理的要点和存档的文字材料		

作业解答：

<table>
<tr><td>2</td><td colspan="5">除污器生产卷圆过程质量管理的要点和存档的文字材料</td></tr>
<tr><td colspan="6">作业解答：</td></tr>
<tr><td>3</td><td colspan="5">除污器生产焊接过程质量管理的要点和存档的文字材料</td></tr>
<tr><td colspan="6">作业解答：</td></tr>
<tr><td>4</td><td colspan="5">除污器生产检验过程质量管理的要点和存档的文字材料</td></tr>
<tr><td colspan="6">作业解答：</td></tr>
<tr><td colspan="6">作业评价：</td></tr>
<tr><td>班级</td><td></td><td>组别</td><td></td><td>组长签字</td><td></td></tr>
<tr><td>学号</td><td></td><td>姓名</td><td></td><td>教师签字</td><td></td></tr>
<tr><td>教师评分</td><td></td><td>日期</td><td colspan="3"></td></tr>
</table>

检 查 单

学习领域	焊接生产管理			
学习情境 2	除污器焊接生产的质量管理		学时	12 学时
任务 2. 2	除污器生产质量控制体系的建立		学时	6 学时
序号	检查项目	检查标准	学生自查	教师检查
1	任务书阅读与分析能力，正确理解及描述目标要求	准确理解任务要求		
2	与同组同学协商，确定人员分工	较强的团队协作能力		
3	查阅资料能力，市场调研能力	较强的资料检索能力和市场调研能力		
4	资料的阅读、分析和归纳能力	较强的总结能力、报告撰写能力		
5	安全生产与环保	符合“5S”要求		
检查评价	评语：			

班级		组别		组长签字	
教师签字				日期	

评　价　单

学习领域	焊接生产管理								
学习情境 2	除污器焊接生产的质量管理					学时		12 学时	
任务 2.2	除污器生产质量控制体系的建立					学时		6 学时	
评价类别	评价项目	子项目	个人评价	组内互评					教师评价
专业能力（60%）	资讯（8%）	收集信息（4%）							
		引导问题回答（4%）							
	计划（5%）	计划可执行度（5%）							
	实施（12%）	工作步骤执行（3%）							
		功能实现（3%）							
		质量管理（2%）							
		安全保护（2%）							
		环境保护（2%）							
	检查（10%）	全面性、准确性（5%）							
		异常情况排除（5%）							
	过程（15%）	使用工具规范性（7%）							
		操作（分析设计）过程规范性（8%）							
	结果（5%）	结果质量（5%）							
	作业（5%）	作业质量（5%）							
社会能力（20%）	团结协作（10%）	对小组的贡献（5%）							
		小组合作配合状况（5%）							
	敬业精神（10%）	吃苦耐劳精神（5%）							
		学习纪律性（5%）							
方法能力（20%）	计划能力（10%）								
	决策能力（10%）								
评价评语	评语：								

班级		组别		学号		总评	
教师签字		组长签字		日期			

学习情境 3

除污器焊接生产的安全管理

【工作目标】

通过本情境的学习使学生具备编制安全生产规程的能力：

1. 识别安全生产隐患的能力并设计安全预案的能力。
2. 利用现代化手段对与焊接生产有关的安全信息进行收集并整理的能力。
3. 火焰切割场地设计的能力及编制火焰切割安全制度的能力。
4. 焊接生产场地安全设计的能力及编制焊接生产安全制度的能力。

【工作任务】

1. 火焰切割设备安全操作规程的编制。
2. 火焰加工工位安全管理办法的编制。
3. 焊接加工工位布置图的设计。
4. 焊接加工工位紧急情况预案的编制。

【情境导入】

在某厂除污器生产车间实习的学生，被任命为焊接车间下料工段火焰切割工位生产班组长。如图 3-1 所示，放置在火焰切割工位的主要设备有半自动切割小车、氧乙炔切割装置、氧丙烷切割装置、手工切割工具。就职后发现火焰下料工位设备布置与工人操作过程不符合安全规范，经请示上级领导批准，负责重新设计火焰下料工位的设备布置图，并编写相关安全规程。针对焊接工程中存在的安全隐患进行分析，重新设计焊接工位的布置，并编制焊接生产安全管理制度，提升焊接生产安全管理水平，确保焊接生产的安全高效运行。

图 3-1　火焰切割生产现场

任务 3.1 火焰切割工位的安全管理

任务单

<table>
<tr><td>学习领域</td><td colspan="5">焊接生产管理</td></tr>
<tr><td>学习情境 3</td><td colspan="3">除污器焊接生产的安全管理</td><td>学时</td><td>12 学时</td></tr>
<tr><td>任务 3.1</td><td colspan="3">火焰切割工位的安全管理</td><td>学时</td><td>6 学时</td></tr>
<tr><td colspan="6">布置任务</td></tr>
<tr><td>工作目标</td><td colspan="5">通过本任务的学习，培养和锻炼学生具备以下几方面的能力：
1. 按照国际标准，对火焰加工气体进行安全管理和使用的能力。
2. 按照安全标准，设计火焰切割加工工位的能力。
3. 按照安全标准，发现火焰切割加工现场安全隐患，并提出整改措施的能力。
4. 利用现代化手段对信息进行收集并整理的能力。</td></tr>
<tr><td>任务描述</td><td colspan="5">根据火焰加工气体特性设计工位、气体使用安全看板。根据现场设备设计各个切割设备的安全操作规程。根据压缩气体钢瓶种类，正确安置钢瓶。根据乙炔气体及送气附件等安全使用规定制订火焰加工工位安全管理办法，设计火焰加工工位布置图。在完成此任务的过程中需要了解除污器的焊接生产特点，了解除污器焊接生产工艺。</td></tr>
<tr><td>任务分析</td><td colspan="5">各小组对任务进行分析、讨论，并根据收集的信息，首先了解火焰加工气体安全管理规定，根据工位内加工设备种类，制订火焰加工工位安全管理办法，设计火焰加工工位布置图。需要查找的内容有：
1. 火焰加工气体特性。
2. 乙炔发生器的正确安置方式。
3. 压缩气体钢瓶的正确安置方式。
4. EN1089 - 3 及我国钢瓶颜色标记标准。
5. 送气附件的安全使用规定。</td></tr>
<tr><td>学时安排</td><td>资讯
0.5 学时</td><td>计划
1 学时</td><td>决策
0.5 学时</td><td>实施
3 学时</td><td>检查评价
1 学时</td></tr>
<tr><td>提供资料</td><td colspan="5">1. 国际焊接工程师培训教程，2012 版。
2. 焊接生产与工程管理，张美清，机械工业出版社。
3. 现代焊接生产与管理，张建勋，机械工业出版社。
4. 焊接生产管理，吴金杰，高等教育出版社。
5. 焊接生产管理与检测，戴建树，机械工业出版社。</td></tr>
</table>

对学生的要求	1. 具有焊接专业基础知识（焊接方法与设备），经历了专业实习，对焊接企业的产品及行业领域有一定的了解。 2. 具有独立思考、善于提问的学习习惯。能对任务书进行分析，能正确理解和描述目标要求。 3. 具有查阅资料和市场调研能力，具备严谨求实和开拓创新的学习态度。 4. 具备一定的观察理解和判断分析能力。 5. 具有团队协作、爱岗敬业的精神。 6. 具有一定的创新思维和勇于创新的精神。

资　讯　单

学习领域	焊接生产管理		
学习情境 3	除污器焊接生产的安全管理	学时	12 学时
任务 3.1	火焰切割工位的安全管理	学时	6 学时
资讯方式	实物、参考资料		
资讯问题	1. 简述氧气、丙烷、乙炔、天然气的气体特性。 2. 怎样正确安置乙炔发生器？ 3. 怎样正确安置压缩气体钢瓶？ 4. 根据 EN1089－3 及我国钢瓶颜色标记标准，写出氧气、丙烷和乙炔三种气体钢瓶颜色。 5. 如何安全使用送气附件？ 6. 如何合理布置焊接生产工位？		
资讯引导	资讯问题 1、2、3、4 可参考《国际焊接工程师培训教程》，哈尔滨焊接技术培训中心，2012。 资讯问题 5 可参考《焊工工艺与技能训练》，王长忠，中国劳动社会保障出版社，2007。 资讯问题 6 可参考《焊接生产管理与检测》，戴建树，机械工业出版社，2004。		

信　息　单

3.1.1　火焰加工常用气体简介

1. 火焰加工技术

目前，有多种技术采用火焰加工方法，例如气焊、火焰加热、火焰消除应力、火焰喷涂、气体压力焊、火焰切割、氧熔剂切割等。

对于所有这些方法所采用的有关设备、设施带来的危险和采取的相应安全措施，在有关规程、条例和法规中均做出了规定。

2. 火焰加工技术常用气体

在火焰加工技术中主要应用的可燃气体为乙炔。此外，还有液化气（丙烷－丁烷混合气体）和天然气，并采用氧气及压缩空气作为添加气体。火焰切割用燃气的主要性质见表3-1。

1）乙炔（C_2H_2）。乙炔是一种碳氢化合物，它是无色的易燃气体，密度比空气略小。纯度为100%的乙炔是无味的，但通常工业中应用的乙炔气体则有一种明显的蒜味。纯乙炔在一定的压力条件下，会剧烈地分解，为此，要在储气瓶中装入多孔性充填物料（丙酮）使其溶解。

2）氢气（H_2）。氢气是一种无色、无味、易燃且无毒的气体，在标准状态下以气态形式存在，它是已知的最轻的气体，其密度是空气的1/15。它燃烧时呈淡蓝色火焰。

3）丙烷（液化石油气C_3H_8）。丙烷是一种无色无味的气体，它在室温下只有0.7MPa的压力下即呈液体状态，在呈液态装瓶时应避免高温。因温度升高时，其压力也增高。

4）天然气（甲烷CH_4）。天然气的主要成分是甲烷，此外还有氮气及部分丙烷。甲烷是一种无色无味的可燃气体。

5）民用气体。民用气体是由不同可燃气体与非可燃气体组合而成的，由于含有人工添加的臭剂（四氢噻吩，又叫噻吩烷或简称THT）使它有一种强烈的味道。

6）甲烷－丙烷混合气体。由甲烷和乙烷混合而成，这种混合气体的密度比空气大，在低洼处应考虑其危险性。

7）氧气（O_2）。虽然氧气本身不是可燃气体，但它是燃烧所必需的气体，它的含量增加，意味着可燃性增加，燃烧速度提高，燃烧温度提高。

表3-1　火焰切割用燃气的主要性质

燃气种类	相对空气的密度	高热值/（kg/m^3）（标态下）	低热值/（kg/m^3）（标态下）	氧气/燃气（体积比）	最低着火温度/℃	燃烧热量计温度/℃
乙炔	0.91	58.502	56.488	2.5	335	2620
丙烷	1.53	101.266	93.240	5	450	2155
丙烯	1.48	93.667	87.667	4.5	460	2224
天然气（甲烷）	0.55	39.842	35.906	2	540	2043
乙烯	0.99	63.438	59.477	3	425	2343
液化石油气（丙烷、丁烷各占50%）	1.93	117.6	108.4	5.75	408	2143

3.1.2 火焰切割的危险性及操作要点

1. 乙炔的危险性

乙炔是一种无色、无毒、可燃烧的气体，纯乙炔稍微带有醚的气味。工业乙炔的臭味主要由其所含的少量磷化氢和硫化物杂质所引起。乙炔比空气轻。乙炔能与铜及铜含量超过70%的合金反应，也能与银及银合金反应。乙炔作为可燃气体和氧气共同使用，其火焰温度、火焰效率与燃烧速度都比使用其他可燃气体时高。

有关乙炔与空气或氧气的混合比确定的点火界限和点火温度，可参照火焰加工气体的安全技术数据表。在火焰加工中，焊接或切割火焰有可能熄灭，主要是由焊渣或喷嘴污染造成的，而这种熄灭又可能造成焊枪或切割枪的回火，回火将产生以下严重后果：

1）使混合气管路热负荷剧烈增加。

2）使所用设备压力剧烈升高。

3）使所用枪体烧损。

4）使所用焊枪或切割枪喷嘴烧损。

回火将导致设备着火，如果回火不停止，将通过设备使气体储存系统发生重大事故。

通常乙炔与银、铜生成容易爆炸的化合物，因此凡供乙炔使用的器材都不能用银和铜的质量分数高于65%的铜合金制造。乙炔允许的工作压力上限为0.15MPa。

乙炔气瓶是储存和运输乙炔用的压力容器，采用优质碳素钢或低合金钢板焊接而成。利用乙炔能溶解于丙酮（CH_3COCH_3）的特性，采用装有多孔填料的特殊钢瓶储存乙炔气体。其中，乙炔气瓶内剩余压力与环境温度的关系见表3-2。

表3-2 乙炔气瓶内剩余压力与环境温度的关系

环境温度/℃	<0	0~15	15~25	25~40
剩余压力/MPa	0.05	0.1	0.2	0.3

丙酮对乙炔的溶解能力与压力和温度有关。当压力升高时，乙炔的溶解度增大。随着温度的升高，乙炔的溶解度下降，其具体关系见表3-3。

表3-3 丙酮对乙炔的溶解能力的影响因素及关系

影响因素	乙炔溶解度	气瓶压力	气体提取
温度上升	下降	上升	上升
温度下降	上升	下降	下降

乙炔气瓶不允许平放倒空（装有高度多孔物质的乙炔气瓶例外）。一个乙炔气瓶的最大供气量为1000L/h；在长时间持续工作的情况下，供气量限制为500L/h。

使用乙炔气瓶时不能放倒，避免丙酮流出。瓶体温度不能超过30~40℃，温度升高会降低丙酮对乙炔的溶解度，而使瓶内乙炔压力急剧升高。乙炔气瓶使用时需全部打开或全部关闭，以避免漏气。瓶内气体严禁用完，必须留有剩余压力。

2. 氧气的危险性

在空气中，氧气（O_2）体积约占21%。把空气分解可获得氧气，通过精馏获得的氧气纯度很高，至少为99.7%（体积分数）。氧气是一种无色/无味的气体，其密度为1.43kg/m³，比空气重。在稍微提高氧气含量的情况下，燃烧反应的速度就比在空气中要进行得快。当空气中氧气的浓度大于30%时，燃烧过程中就会出现爆炸危险。在压力作用下，将氧气与油脂或油接触，会发生自燃现象。

氧气是以气体状态和液体状态进行储存的。通常，氧气以气态形式储存在压力气瓶中。表3-4所列为国内常用氧气瓶规格。氧气气瓶不许与其他气瓶混放，不许与反应后产生有毒物质的气体气瓶一起运输，不许用沾染油脂的运输工具运输。气瓶必须按GB 7144—2016《气瓶颜色标志》明确标识，不准靠近热源、距明火至少10m，夏季禁止曝晒、冬季禁止火烤，与气瓶连接的部件应使用铜基合金，严禁接触油脂。焊接、切割时火源距气瓶至少10m。

表3-4　国内常用氧气瓶规格

工作压力/MPa	气瓶容积/L	质量/kg	氧气量/L
15	30	45±2	4500
	40	55±2	6000

3. 操作要点

气割操作因个人的习惯不同，可以有所不同。一般用右手握住割炬把手，以右手的拇指和食指把住预热氧阀门，以便于调整预热火焰和当回火时及时切断预热氧。左手的拇指和食指用于把住切割氧阀门，同时还要掌握方向，其余三个手指平稳地托住混合室。上身不要弯得太低，呼吸要有节奏；眼睛应注视割嘴，并着重注视割口前面的割线。这种气割方法称为抱切法，一般按照从右向左的方向切割。开始切割时，先预热钢板的边缘，待切口位置出现微红的时候，将火焰局部移至边缘线以外，同时慢慢打开切割氧阀门。当有氧化铁渣随氧气流一起飞出时，证明已经割透，这时应移动割炬逐渐向前切割。

切割很厚的金属时，割嘴与被切割金属表面成10°~20°倾角，以便能更好地加热割件边缘，使切割过程容易开始。切割厚度为50mm以下的金属时，割嘴开始应与被切割金属表面垂直。如果是从零件内廓开始切割，必须预先在被切割件上面做孔（孔的直径等于切割宽度）。开始切割时，先用预热火焰加热金属边缘，直至加热到使其能在氧气中可以燃烧的温度，即在割件表面层出现将要熔化的状态时，再放出切割氧进行切割。切割时，割嘴与被切割金属表面的距离应根据火焰焰芯长度来决定，最好使焰芯尖端距割件1.5~3mm，不能使火焰焰芯触及割件表面。为了保证割缝质量，在气割的整个过程中，割嘴到割件表面的距离应保持一致。

沿直线切割钢板时，割炬应向切割前进的反方向倾斜20°~30°，这时切割最为有效。但在沿曲线外廓切割时，割嘴必须严格垂直于被切割金属的表面。

切割过程中，有时因割嘴过热和氧化铁渣的飞溅，使割嘴堵住或乙炔供应不及时，割嘴产生鸣爆并发生回火现象。这时应迅速关闭预热氧阀门，阻止氧气倒流入乙炔管内，使回火熄灭。如果此时割炬内还发出嘶嘶的响声，说明割炬内回火尚未熄灭，这时应迅速将乙炔阀门关闭或迅速拔下割炬上的乙炔软管，使回火的火焰气体排出。处理完毕后，应先检查割炬的射吸能力，然后才可以重新点燃割炬。

气割过程中，若操作者需移动身体位置时，应先关闭切割氧阀门，然后移动身体位置。

如果切割较薄的钢板，在关闭切割氧的同时，火焰应迅速离开钢板表面，以防止因板薄受热快而引起变形和使割缝重新黏合。继续切割时，割嘴一定要对准割缝的接割处，并适当预热，然后慢慢打开切割氧阀门继续进行切割。

切割临近终点时，割嘴应向切割前进的反方向倾斜一些，以利于钢板的下部提前割透，使收尾的割缝较整齐。当到达终点时，应迅速关闭切割氧阀门并将割炬抬起，然后关闭乙炔阀门，最后关闭预热氧阀门。如果停止工作时间较长，应将氧气阀门关闭，松开减压器调节螺钉，并将氧气胶管中的氧气放出。结束切割工作时，将减压器卸下并将乙炔供气阀门关闭。

根据燃气与氧气的混合比不同，切割火焰分为碳化焰、中性焰和氧化焰，如图 3-2 所示，在使用乙炔的场合，当氧气与乙炔的体积比为 1. 1 ~ 1. 15 时，形成的火焰为中性焰，由焰芯、内焰和外焰组成。焰芯为 C_2H_2 与 O_2 的混合气。内焰为 C_2H_2 与 O_2 发生一次燃烧的反应区。在内焰中距离焰芯 2 ~ 3mm 处，温度最高，约 3100℃。外焰是一次燃烧生成的 CO 和 H_2 与空气中的氧反应形成的燃烧区域，火焰温度约 2500℃。外焰越长，保护切割氧流的效果越好。当氧气与乙炔的体积比小于 1. 1 时形成碳化焰，也有焰芯、内焰和外焰，内焰中存在未燃烧的碳，火焰长而软，温度较低。当氧气与乙炔的体积比大于 1. 15 时形成氧化焰，只有焰芯和外焰两部分。火焰短而挺直并伴随有“嘶嘶”的声音，最高温度可达 3300℃。因火焰中存在过剩氧，具有氧化性。

气割时，一般应调整火焰到中性焰，同时火焰的强度要适中。一般不采用碳化焰，因为碳化焰会使切割边缘增碳。调整好火焰后，应当放出切割氧，检查火焰性质是否有变化。

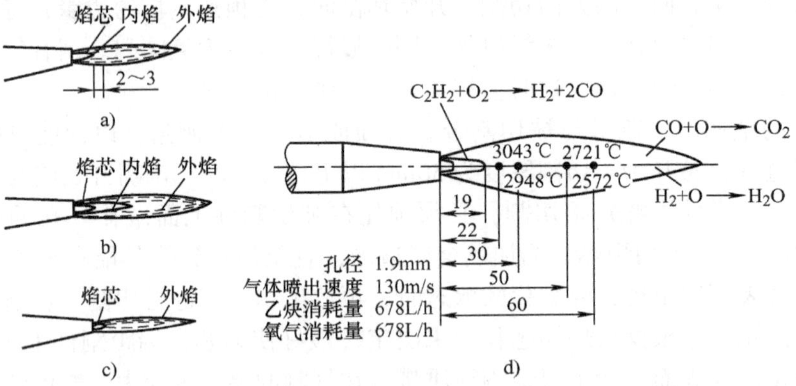

图 3-2 切割火焰类型

a）中性焰 b）碳化焰 c）氧化焰 d）中性焰的燃烧过程及温度分布

切割火焰过强时，会出现以下问题：

① 切口上缘熔塌，并粘有颗粒状熔滴。

② 切割面不平整，表面质量变差。

③ 切口下缘粘渣。

切割火焰过弱时，会发生以下问题：

① 切割速度减慢，且易发生切割中断现象。

② 易发生回火现象。

③ 后拖量增大。

4. 气割工艺参数

气割工艺参数包括预热火焰功率、切割氧压力、切割速度、割嘴到工件表面的距离以及切割倾角等。

（1）预热火焰的选择　预热火焰是影响气割质量的重要工艺参数。气割时一般选用中性焰或轻微的氧化焰。同时，火焰的强度要适中。应根据工件厚度、割嘴种类和质量要求选用预热火焰。

① 预热火焰的能率要随着板厚的增大而加大，割件越厚，预热火焰能率越大。氧乙炔预热火焰的能率与板厚的关系见表3-5。

表3-5　氧乙炔预热火焰的能率与板厚的关系

板厚/mm	火焰能率/(L/min)
3～25	4～8.3
25～50	9.2～12.5
50～100	12.5～16.7
100～200	16.7～20
200～300	20～21.7

② 在切割较厚的钢板时，应采用轻度碳化焰，以免切口上缘熔塌，同时也可使外焰长一些。

③ 使用扩散形割嘴和氧帘割嘴切割厚度为200mm以下的钢板时，火焰能率应大一些，以加速切口前缘加热到燃点，从而获得较高的切割速度。

④ 切割碳含量较高或合金元素较高的钢材时，因它们燃点较高，预热火焰的能率要大一些。

⑤ 用单割嘴切割坡口时，因熔渣被吹向切口外侧，为补充能量，要加大火焰能率。

气割的预热时间应根据割件厚度而定。表3-6列出了气割选定预热时间的经验数据。

表3-6　气割选定预热时间的经验数据

板厚/mm	预热时间/s	板厚/mm	预热时间/s
20	6～7	150	25～28
50	9～10	200	30～35
100	15～17		

⑥ 使用石油气或天然气作为燃气，因其火焰温度低，预热时间较长。

⑦ 在切割小尺寸零件等需频繁预热起割的场合，为提高切割效率，可把火焰调节成氧化焰，开始切割后再恢复到中性焰。

（2）切割氧压力的选定　切割氧压力取决于割嘴的类型和型号，可根据工件厚度选择氧气压力。切割氧压力过大，易使切口变宽、粗糙；压力过小，使切割过程缓慢，易造成黏渣。切割氧压力的推荐值见表3-7。

表 3-7　切割氧压力的推荐值

板厚/mm	切割氧压力/MPa
3～12	0.4～0.5
12～30	0.5～0.6
30～50	0.5～0.7
50～100	0.6～0.8
100～150	1.0～1.4

在实际切割工作中，最佳切割氧压力可用试放“风线”的办法来确定。对所采用的割嘴，风线最清晰且长度最长时的切割氧压力即为最合适值，可获得最佳的切割效果。

(3) 切割速度　切割速度与工件厚度、割嘴形式有关，一般随工件厚度增大而减慢。切割速度必须与切口内金属的氧化速度相适应。切割速度太慢会使切口上缘熔塌，太快则后拖量过大，甚至割不透，造成切割中断。在切割操作时，切割速度可根据熔渣火花在切口中落下的方向来掌握，当火花与被切割表面垂直或稍偏向前方排出时，即为正常速度。在直线切割时，可采用火花稍偏向后方排出的较快的速度。

氧化速度快，排渣能力强，则可以提高切割速度。切割速度过慢会降低生产率，且会造成切口局部熔塌，影响割口表面质量。机器切割速度比手工切割速度平均可提高20%。表3-8列出了机器切割时切割速度的推荐数据。

表 3-8　机器切割时切割速度的推荐数据　　（单位：mm/min）

钢板厚度/mm	切割形式				
	半成品直线切割	留有机加工余量的切割	表面切割质量要求低的切割	精确的直线切割	精确的成形切割
5	—	330～350	710～760	590～640	400～500
10	710～730	330～470	570～620	480～520	320～400
20	580～630	400	470～500	390～420	260～330
30	520～560	350	410～450	350～380	230～290
50	440～480	330	350～380	300～320	200～250
100	380～420	290	310～330	260～280	170～220
150	360～390	260	290～310	240～260	160～200

(4) 割嘴到工件表面的距离　割嘴到工件表面的距离是根据工件厚度及预热火焰长度来确定的。割嘴高度过低会使切口上缘发生熔塌，飞溅时易堵塞割嘴，甚至引起回火。割嘴高度过高，热损失增加，且预热火焰对切口前缘的加热作用减弱，预热不充分，切割氧流动能下降，使排渣困难，影响切割质量。同时进入切口的氧纯度也降低，导致后拖量和切口宽度增大，在切割薄板时还会使切割速度降低。

(5) 切割倾角　割嘴与割件间的切割倾角直接影响气割速度和后拖量。切割倾角的大小主要根据工件厚度而定，工件厚度在30mm以下时，后倾角为20°～30°；工件厚度大于30mm时，起割时为5°～10°的前倾角，割透后割嘴垂直于工件，结束时为5°～10°的后倾角。手工曲线切割时，割嘴垂直于工件。

3.1.3 气瓶颜色及摆放规定

某些对工业使用的气瓶按气体特性进行标记，见表 3-9。

表 3-9 气瓶颜色列表（GB/T 7144—2016）

气体种类	有毒或腐蚀性	可燃性	不燃性	氧化性	氧气	乙炔
气瓶颜色	淡黄色	大红色	深绿色	淡（酞）蓝色	淡（酞）蓝色	白色

常用惰性气体气瓶的颜色见表 3-10。

表 3-10 常用惰性气体气瓶颜色列表

气体种类	氩气	氮气	二氧化碳	氦气
气瓶颜色	银灰色	黑色	铝白色	银灰色

当某一气体或某一混合气体具有两种危险特性时，则必须在气瓶肩部涂以颜色，用其中一种危险特性所代表的颜色涂以环色带，同时将第二种危险特性所标志的颜色也涂上去。

在新的颜色标志上用“N”表示燃烧物。

储存气体的设备和装置可能出现密封问题或者操作不慎而发生着火或爆炸，故有关设备和装置应严格按照规程要求和标准进行操作。钢瓶标记按《压缩气体技术规程》（TRG）和 EN 1089 T1“标记”、T2“危险货物”、T3“颜色代码”要求进行。钢瓶上应刻印检验日期、净重、载荷空间、工作压力以及内部介质识别等标记，除此之外还应有相应气体的颜色标记，用色带或将整个气瓶涂色。图 3-3 所示为气瓶所贴“危险货物”标签的说明。

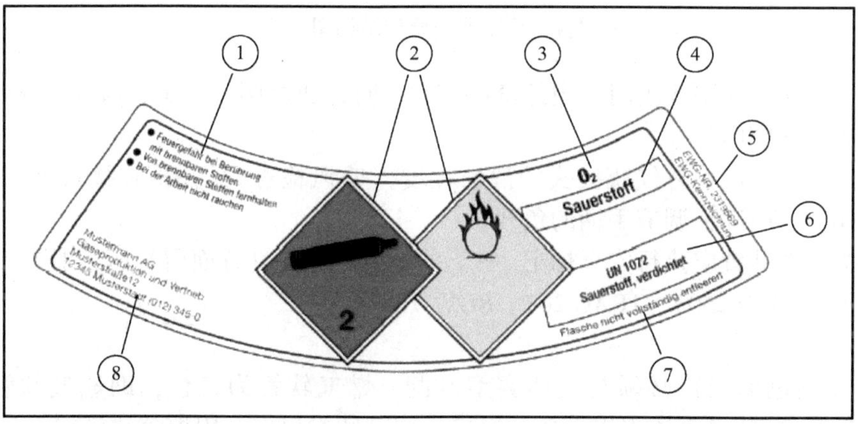

标签说明：

①风险和安全程序 ②危险货物 ③气体或混合气体组成成分 ④制造厂商产品标记 ⑤分类气体或混合气体EWG编号 ⑥按GGVS对气体命名 ⑦制造厂商说明 ⑧制造厂商名称、通信地址和电话号码

图 3-3 气瓶所贴“危险货物”标签的说明

压缩气体钢瓶的安置注意事项：

1）防止压缩气体钢瓶过热。

2）防止压缩气体钢瓶乱扔和倒地滚动。

3）压缩气体钢瓶应拧上防护帽进行保存。

4）压缩气体钢瓶应设有专用场地储存并用链条捆住。

5）不能用磁铁式吊车起吊钢瓶。

3.1.4 送气附件的安全使用

1. 减压器（压力表）

减压器（图3-4）按国际标准ISO 5171—2009《气焊设备　焊接、切割及相关工艺过程用压力仪表》执行。减压器用于连接装有一定压力的气体以及液态气体的密封钢瓶，将气瓶压力降低到工作压力，并在供气期间使工作压力保持不变。

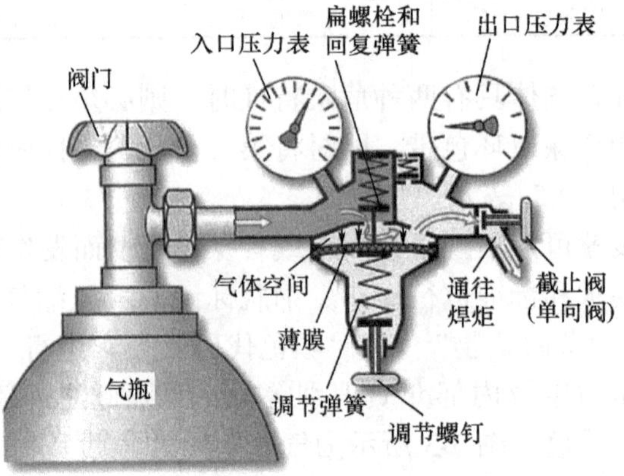

图3-4　减压器的原理结构图

减压器是一种薄膜控制式阀门。当拧紧调节螺钉时，通过调节弹簧、薄膜和压力顶针将扁螺栓缓慢顶起，使阀门打开。

减压器在连接前，应检查气瓶接头的清洁程度（吹风检查），并检查接头处密封状况，当减压器不工作时，应卸去调节手柄的负载。

减压器作为安全装置应执行安全标记“S”的规定，并在其背面留有压力泄流孔。

其他规定见EN ISO 2503、TRAC 207、BGV D1。

2. 软管

气体软管（颜色标记）必须与气体类型匹配。燃气软管为红色，助燃气软管为蓝色（参照GB/T 2550—2016《气体焊接设备　焊接、切割和类似作业用橡胶软管》）。

氧气和非燃气软管工作压力为2MPa，乙炔软管工作压力为0.15MPa。

有关热塑性软管的规定，可参照标准GB/T 2550—2016、ISO 14113—2013《气焊设备 450bar（45MPa）以下工业气体传输用橡胶和塑料软管及其组件》、EN 1327—1996《气焊机焊接及相关工艺用热塑软管》、ISO 12170—1996《气焊设备　焊接及相关工艺用热塑性软管》。有关软管接头的规定，可参照标准GB/T 5107—2008《气焊设备　焊接、切割和相关工艺设备用软管接头》，ISO 8207—1996《气焊设备　焊接、切割和相关工艺设备用软管组件规范》、EN 1256—2006《气焊设备焊接、切割和相关工艺设备的软管组件用规范》。软管必须符合相应气体种类的颜色的标记，参见表3-11。

表 3-11　气体种类及颜色标记（GB/T 2550—2016）

气体种类	颜色标记
乙炔和其他可燃性气体（除 LPG、MPS 和天然气、甲烷外）	红色
液化石油气（LPG）和甲基乙炔-丙烯混合物（MPS）、天然气、甲烷	橙色
氧气	蓝色
空气、氮气、氩气、二氧化碳	黑色

通常软管内径为：氧气软管为 4.0mm；乙炔软管为 6.3mm。

软管应有下列标记：

——EN 559　（执行标准）。

——最大工作压力/MPa。

——制造厂名称或标记。

——生产年份。

标记长度最长为 1m。

许用工作压力要求：氧气及其他非可燃性气体为 2MPa；乙炔为 0.15MPa。

软管最短长度为 3m（工作延伸长度为 5m），新软管在首次使用时应吹洗。氧气带用氧气或惰性气体吹洗，乙炔带用压缩空气吹洗。破损的软管必须更换或进行适当的修补。漏气即为破损软管，有关修补的规定见 EN 560。软管安全使用的方法如图 3-5 所示。

注意：乙炔软管不得采用铜管连接，有爆炸危险。

应采用表面带有纹路的软管，以防止打滑，环箍如图 3-5a 所示，不得用线包扎钢丝，软管不得有裂纹，并防止温度过高，软管在铺设时应注意避开各种潜在危险。

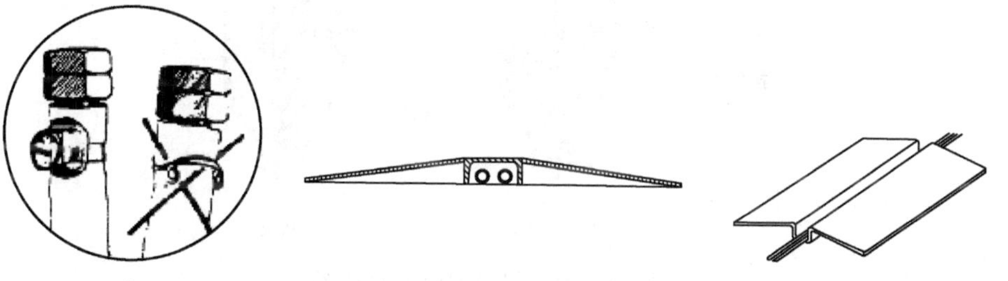

a)　　b)　　c)

图 3-5　软管安全使用方法

在长距离输送氧气时，可采用双根软管并加以保护（图 3-5b、c）。

3. 回火保险器（回火防止器）

回火是由于混合气体在焊（割）嘴口的燃烧速度大于混合气体从焊（割）炬的喷射速度而引起的。回火是气体火焰进入喷嘴内的逆向燃烧。它可以烧毁焊（割）炬、管路甚至引起可燃性气体储罐爆炸。导致回火的原因可能是：

1）氧气压力过大。

2）乙炔气供给量过小。

3）输送管不畅通。

4）焊（割）炬嘴孔有夹杂物堵塞。

5）焊（割）嘴温度过高。

6）焊（割）炬性能不良。

为了防止回火的发生，必须在焊（割）炬与乙炔发生器或乙炔瓶之间增设一个回火保险器。回火保险器的原理示意图如图3-6所示。

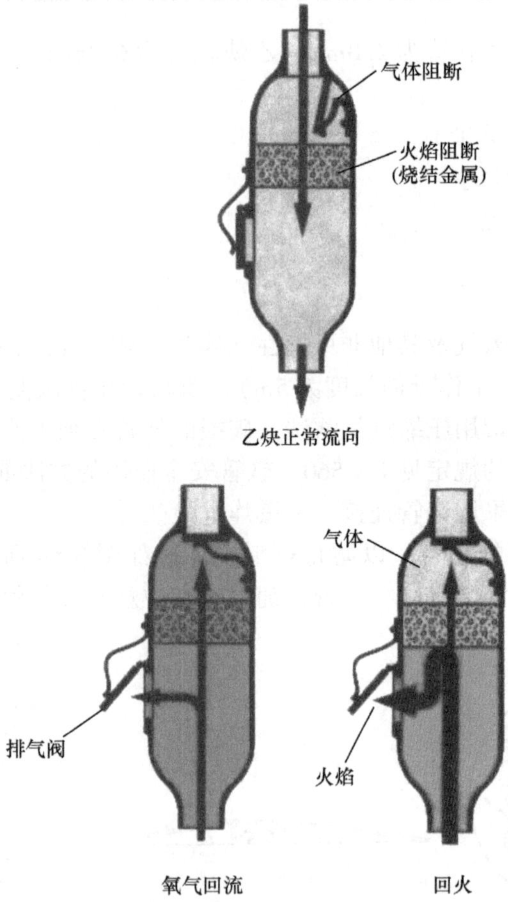

图3-6　回火保险器原理示意图

目前国内与乙炔瓶配套使用的回火保险器主要为干式回火保险器。干式回火保险器分为温度控制和压力控制两种。温度控制的回火保险器中，轻微回火后，并不中断可燃性气体的继续流入；当温度为90～100℃时熔体熔断，排气阀打开，单向阀关闭。熔体熔断以后，气体单向阀不会自动打开。

在压力控制的回火保险器中，附加装入了一个气体回流闭锁装置。当轻微回火或压力稍微增加时，不仅关闭气体单向阀，而且也断开了受压力控制的回流闭锁装置。气体单向阀关闭以后，可以用一个手柄再打开。回火保险器可以安装在减压器或供气管路旁。

计 划 单

<table>
<tr><td>学习领域</td><td colspan="5">焊接生产管理</td></tr>
<tr><td>学习情境 3</td><td colspan="3">除污器焊接生产的安全管理</td><td>学时</td><td>12 学时</td></tr>
<tr><td>任务 3.1</td><td colspan="3">火焰切割工位的安全管理</td><td>学时</td><td>6 学时</td></tr>
<tr><td>计划方式</td><td colspan="5">小组讨论</td></tr>
<tr><td>序号</td><td colspan="3">实施步骤</td><td colspan="2">使用资源</td></tr>
<tr><td></td><td colspan="3"></td><td colspan="2"></td></tr>
<tr><td></td><td colspan="3"></td><td colspan="2"></td></tr>
<tr><td></td><td colspan="3"></td><td colspan="2"></td></tr>
<tr><td>制订计划
说明</td><td colspan="5"></td></tr>
<tr><td>计划评价</td><td colspan="5">评语：</td></tr>
<tr><td>班级</td><td></td><td>第　　组</td><td>组长签字</td><td colspan="2"></td></tr>
<tr><td>教师签字</td><td colspan="2"></td><td>日期</td><td colspan="2"></td></tr>
</table>

决　策　单

<table>
<tr><td>学习领域</td><td colspan="7">焊接生产管理</td></tr>
<tr><td>学习情境 3</td><td colspan="5">除污器焊接生产的安全管理</td><td>学时</td><td>12 学时</td></tr>
<tr><td>任务 3.1</td><td colspan="5">火焰切割工位的安全管理</td><td>学时</td><td>6 学时</td></tr>
<tr><td colspan="6">方案讨论</td><td>组号</td><td></td></tr>
<tr><td rowspan="16">方案决策</td><td>组别</td><td>步骤
顺序性</td><td>步骤
合理性</td><td>实施可
操作性</td><td>选用工具
合理性</td><td colspan="2">原因说明</td></tr>
<tr><td>1</td><td></td><td></td><td></td><td></td><td colspan="2"></td></tr>
<tr><td>2</td><td></td><td></td><td></td><td></td><td colspan="2"></td></tr>
<tr><td>3</td><td></td><td></td><td></td><td></td><td colspan="2"></td></tr>
<tr><td>4</td><td></td><td></td><td></td><td></td><td colspan="2"></td></tr>
<tr><td>5</td><td></td><td></td><td></td><td></td><td colspan="2"></td></tr>
<tr><td>1</td><td></td><td></td><td></td><td></td><td colspan="2"></td></tr>
<tr><td>2</td><td></td><td></td><td></td><td></td><td colspan="2"></td></tr>
<tr><td>3</td><td></td><td></td><td></td><td></td><td colspan="2"></td></tr>
<tr><td>4</td><td></td><td></td><td></td><td></td><td colspan="2"></td></tr>
<tr><td>5</td><td></td><td></td><td></td><td></td><td colspan="2"></td></tr>
<tr><td>1</td><td></td><td></td><td></td><td></td><td colspan="2"></td></tr>
<tr><td>2</td><td></td><td></td><td></td><td></td><td colspan="2"></td></tr>
<tr><td>3</td><td></td><td></td><td></td><td></td><td colspan="2"></td></tr>
<tr><td>4</td><td></td><td></td><td></td><td></td><td colspan="2"></td></tr>
<tr><td>5</td><td></td><td></td><td></td><td></td><td colspan="2"></td></tr>
<tr><td>方案评价</td><td colspan="7">评语：</td></tr>
<tr><td>班级</td><td></td><td>组长签字</td><td></td><td>教师签字</td><td></td><td colspan="2">月　日</td></tr>
</table>

工 具 单

场地准备	工具准备	资料准备
焊接专业一体化教室	A2 幅面图纸 彩色卡纸 剪刀 易事贴 打印机	火焰切割设备使用说明书 除污器产品图样 锅炉与压力容器生产规程 企业厂房图样

作 业 单

学习领域	焊接生产管理		
学习情境 3	除污器焊接生产的安全管理	学时	12 学时
任务 3. 1	火焰切割工位的安全管理	学时	6 学时
作业方式	小组分析、个人解答、现场批阅、集体评判		
1	火焰切割工位平面图		
作业解答：			

<table>
<tr><td>2</td><td colspan="5">火焰切割工位安全操作规程</td></tr>
<tr><td colspan="6">作业解答：</td></tr>
<tr><td>3</td><td colspan="5">火焰加工气体使用安全看板及火焰加工工位安全管理办法</td></tr>
<tr><td colspan="6">作业解答：</td></tr>
<tr><td colspan="6">作业评价：</td></tr>
<tr><td>班级</td><td></td><td>组别</td><td></td><td>组长签字</td><td></td></tr>
<tr><td>学号</td><td></td><td>姓名</td><td></td><td>教师签字</td><td></td></tr>
<tr><td>教师评分</td><td></td><td>日期</td><td colspan="3"></td></tr>
</table>

检 查 单

学习领域	焊接生产管理			
学习情境 3	除污器焊接生产的安全管理		学时	12 学时
任务 3.1	火焰切割工位的安全管理		学时	6 学时
序号	检查项目	检查标准	学生自查	教师检查
1	任务书阅读与分析能力，正确理解及描述目标要求	准确理解任务要求		
2	与同组同学协商，确定人员分工	较强的团队协作能力		
3	查阅资料能力，市场调研能力	较强的资料检索能力和市场调研能力		
4	资料的阅读、分析和归纳能力	较强的总结能力、报告撰写能力		
5	安全生产与环保	符合“5S”要求		
检查评价	评语：			

班级		组别		组长签字	
教师签字				日期	

评 价 单

学习领域	焊接生产管理		
学习情境 3	除污器焊接生产的安全管理	学时	12 学时
任务 3.1	火焰切割工位的安全管理	学时	6 学时

评价类别	评价项目	子项目	个人评价	组内互评					教师评价
专业能力（60%）	资讯（8%）	收集信息（4%）							
		引导问题回答（4%）							
	计划（5%）	计划可执行度（5%）							
	实施（12%）	工作步骤执行（3%）							
		功能实现（3%）							
		质量管理（2%）							
		安全保护（2%）							
		环境保护（2%）							
	检查（10%）	全面性、准确性（5%）							
		异常情况排除（5%）							
	过程（15%）	使用工具规范性（7%）							
		操作（分析设计）过程规范性（8%）							
	结果（5%）	结果质量（5%）							
	作业（5%）	作业质量（5%）							
社会能力（20%）	团结协作（10%）	对小组的贡献（5%）							
		小组合作配合状况（5%）							
	敬业精神（10%）	吃苦耐劳精神（5%）							
		学习纪律性（5%）							
方法能力（20%）	计划能力（10%）								
	决策能力（10%）								
评价评语	评语：								

班级		组别		学号		总评	
教师签字		组长签字		日期			

任务3.2 焊接生产工位的安全管理

任 务 单

<table>
<tr><td>学习领域</td><td colspan="5">焊接生产管理</td></tr>
<tr><td>学习情境3</td><td colspan="3">除污器焊接生产的安全管理</td><td>学时</td><td>12学时</td></tr>
<tr><td>任务3.2</td><td colspan="3">焊接生产工位的安全管理</td><td>学时</td><td>6学时</td></tr>
<tr><td colspan="6">布置任务</td></tr>
<tr><td>工作目标</td><td colspan="5">通过本任务的学习，培养和锻炼学生具备以下几方面的能力：
1. 按照国际标准，对焊接车间使用设备进行安全管理和使用的能力。
2. 按照安全标准，设计电焊机工位的能力。
3. 按照安全标准，发现焊接生产工位安全隐患，并提出整改措施的能力。
4. 利用现代化手段对信息进行收集并整理的能力。
5. 较强的办公软件应用能力。
6. 良好的表达能力。
7. 较强的沟通与团队合作能力。</td></tr>
<tr><td>任务描述</td><td colspan="5">根据焊接工位特性设计焊接工位使用安全看板。根据现场设备设计各个焊接设备的安全操作规程。根据焊接设备的种类，正确安置电焊机。根据焊接设备的用电安全使用规程制订焊接工位安全管理办法，绘制电焊机工位布置图，编制焊接生产防火安全预案。在完成此任务的过程中需要了解除污器的焊接生产特点，了解除污器焊接生产工艺。</td></tr>
<tr><td>任务分析</td><td colspan="5">各小组对任务进行分析、讨论，并根据收集的信息，首先了解焊接生产车间安全管理规定，根据工位内加工设备种类，制订焊接工位安全管理办法，设计焊接生产工位布置图。需要查找的内容有：
1. 焊接设备的电气特性。
2. 电焊机的正确接线方式。
3. 焊接设备的正确安置。
4. 电焊机使用电缆的选择。
5. 电焊机接线用空气开关的选择。</td></tr>
<tr><td>学时安排</td><td>资讯
0.5学时</td><td>计划
1学时</td><td>决策
0.5学时</td><td>实施
3学时</td><td>检查评价
1学时</td></tr>
</table>

提供资料	1. 国际焊接工程师培训教程，2012 版。 2. 焊接生产与工程管理，张美清，机械工业出版社。 3. 现代焊接生产与管理，张建勋，机械工业出版社。 4. 焊接生产管理，吴金杰，高等教育出版社。 5. 焊接生产管理与检测，戴建树，机械工业出版社。
对学生的要求	1. 具有焊接专业基础知识（焊接方法与设备），通过专业实习，对焊接企业的产品及行业领域有一定的了解。 2. 具有独立思考、善于提问的学习习惯。能对任务书进行分析，能正确理解和描述目标要求。 3. 具有查阅资料和市场调研能力，具备严谨求实和开拓创新的学习态度。 4. 具备一定的观察理解和判断分析能力。 5. 具有团队协作、爱岗敬业的精神。 6. 具有一定的创新思维和勇于创新的精神。

资　讯　单

学习领域	焊接生产管理		
学习情境 3	除污器焊接生产的安全管理	学时	12 学时
任务 3.2	焊接生产工位的安全管理	学时	6 学时
资讯方式	实物、参考资料		
资讯问题	1. 简述焊接生产设备的电气特性。 2. 电焊机如何正确接线？ 3. 怎样正确选择接线电缆？ 4. 根据相关标准，正确选择电气开关。 5. 如何避免焊机触电？ 6. 如何合理布置焊接生产工位？ 7. 如何进行文明生产？		
资讯引导	资讯问题 1、2、3、4 可参考《国际焊接工程师培训教程》，哈尔滨焊接技术培训中心，2012。 资讯问题 5 可参考《焊工工艺与技能训练》，王长忠，中国劳动社会保障出版社，2007。 资讯问题 6 可参考《焊接生产管理与检测》，戴建树，机械工业出版社，2004。 资讯问题 7 可参考《焊接生产与工程管理》，张美清，机械工业出版社，2009。		

信 息 单

3.2.1 焊工施工安全

焊接作业是国家标准规定的十种特种作业之一。人们常用的是电弧焊、气焊和气割，属于明火作业，具有高温、高压、易燃易爆的危险，作业现场熔融的金属火花会到处飞溅，极易引燃可燃物，造成火灾事故。焊接过程会产生高温电弧和有毒有害烟尘，易造成火灾爆炸事故，引发焊工电光性眼炎、白内障、皮肤烫伤、中毒和尘肺。电弧焊作业时焊工要接触电源，属于带电作业，故又易发生触电事故。焊接施工作业事故的类型如图 3-7 所示。根据有关方面统计，焊接作业场地火灾、爆炸、触电等事故的发生，绝大部分是由不恰当的焊接操作所引起的。因此必须强调焊接作业安全技术的重要性，并采取相应的劳动保护措施。

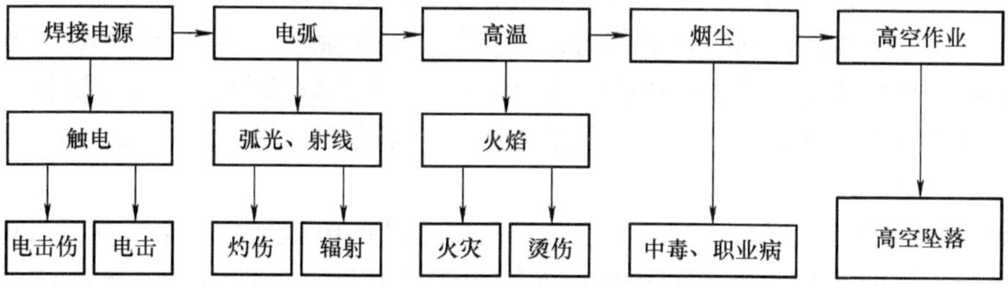

图 3-7 焊接施工作业事故的类型

在整个焊接操作过程中，焊工需要经常接触电气装置，如在更换焊条时焊工的手会直接触及焊条，同时焊工大量的时间会站在焊件上进行操作，而电焊机的空载电压一般都超过了安全电压，故触电的概率也就增多。更危险的是，焊接电源与 380V/220V 的电网连接，一旦设备发生故障，或高压部分的绝缘破坏，网路中的高压电就会直接输入到焊钳、焊件及焊机外壳上，造成焊工的触电事故。所以，触电事故是焊接操作中最主要的危险事故。特别是在容器、管道、船舱、锅炉内和钢结构架上的操作，周围都是金属，触电危险更大。

焊接设备的带电部分主要包括焊接设备的输入电压和输出电压。输入电压为 380V/220V；输出空载电压为 40～90V，工作电压为 20～30V。

（1）焊接作业触电的主要原因

1）输入电压意外转移到输出线路或焊机外壳上。焊机里面绝缘体的老化或过载会造成高压电的转移。此外，有些焊机没有做好防雨措施，焊机被雨水或潮气侵蚀后未经处理也会造成高压电的转移。因此焊接设备在使用前要检查其绝缘电阻，绝缘电阻一般要大于 0.5MΩ。

2）空载电压的电击。为了方便引弧和保证电弧的稳定燃烧，通常要求焊接电源的空载电压尽量高些，但空载电压越高，触电的危险性就越高。一般情况下，焊工的鞋袜及人体本身的电阻能够满足防护要求，通过人体的电流很小，但如果焊工的衣物鞋袜潮湿，尤其在作业空间较小的场所，则会降低衣物鞋袜的电阻，致使通过人体的电流增加，这样就增加了触电的危险性。

（2）触电危险性　试验研究表明，工频 50Hz 的 1mA 交流电或 5mA 直流电的电流通过人体时，将引起身体麻痛等不适症状，但还可以自主摆脱带电体。随着通过人体的电流加大，危害性加强，致死的时间越短。表 3-12 是交流电流通过人体时的影响。

表 3-12　交流电流对人体的影响

序号	通过人体电流/mA	对人体的影响
1	1	有麻痛的感觉
2	10	有麻痹的感觉，但还可以自主摆脱带电体
3	20	麻痹难受，几乎不能自主摆脱带电体，有发生灼伤的可能
4	50	呼吸器官发生麻痹，有发生触电的危险症状
5	100	呼吸器官和心脏发生麻痹，有造成死亡的危险

人体是电的导体之一，当人体与带电导体、漏电设备的外壳或其他带电的物体接触时，均可能导致对人体的伤害。根据电对人体的伤害部位和伤害程度不同，其表现形式也有所不同，共分为三种形式：电击、电伤和电磁场生理伤害。电击是指电流通过人体内部，使体内器官产生麻痹、痉挛甚至刺激中枢神经系统而影响心脏正常功能的现象。电伤是指电流的热效应、化学效应或机械效应对人体的伤害，主要是指电弧烧伤、熔化金属溅出烫伤以及电烙印等。电磁场生理伤害是指在高频电磁场的作用下，人出现头晕、乏力、记忆力减退、失眠、多梦等神经系统的症状。通常所说的触电事故，基本上是指电击事故，绝大部分触电死亡也是由电击所致。

电流对人体的危害程度与下列因素有关：流经人体的电流强度；电流通过人体的持续时间；电流通过人体的途径；电流的频率；人体的健康状况。一般认为，电流通过人体的心脏、肺部和中枢神经系统的危险性比较大，特别是电流通过心脏时，危险性最大。所以从手到脚的电流途径最为危险，因为沿这条途径有较多的电流通过心脏、肺部和脊髓等重要器官。其次是从一只手到另一只手的电流途径。第三是从一只脚到另一只脚的电流途径，这条路径容易使人因剧烈痉挛而摔倒，导致电流通过全身或摔伤、坠落等严重的二次事故。

通常电气设备都采用工频 50Hz 的交流电，这对人来说是比较危险的频率。另外，人的身体健康状况不同，对电流的敏感程度也不相同，一般有心脏病、神经系统疾病和结核病的人，受电击伤害的程度会比较重。

按照人体触及带电体的方式和电流通过人体的途径，电击可以分为下列几种情况。

① 低压单相触电。人体在地面或其他接地导体上，人体的某一部位触及一相带电体的触电事故。

② 低压两相触电。人体两处同时触及两相带电体的触电事故。这时由于人体受到的电压可高达 220V 或 380V，所以危险性很大。

③ 跨步电压触电。当带电体接地有电流流入地下时，电流在接地点周围土壤中产生电压降，人在接地点周围，两脚之间出现的电压称为跨步电压。由此引起的触电事故称为跨步电压触电。高压故障接地处或有大电流流过的接地装置附近，都可能出现较高的跨步电压。

④ 高压电击。对于 1000V 以上的高压电气设备，当人体过分接近它时，高压电能将空气击穿使电流通过人体，此时还伴有高温电弧，能把人烧伤。

（3）焊接触电机理

① 安全电压值。一般情况下，男性最小允许电流为 9mA，女性为 6mA，在装有防止触电的速断保护情况下，人体的短暂允许电流可按 30mA 考虑。人体电阻可按 1000～2000Ω 考虑。因此，国家对安全电压规定的上限值为：在正常工作或故障情况下，两导体之间或任一导体与地之间的电压不得超过交流（50～500Hz）有效值 50V。这个规定的依据之一是，人

体允许电流为30mA，人体电阻为1700Ω。

② 一次电源触电。交流电焊机一次电压一般为单相220V或三相380V，工频50Hz。电压值大大超过安全电压值（交流50V），工频处于危险性最大的频段，触电危险性很大。

③ 输出焊接电压触电。根据国家标准，交流电焊机空载电压≤80V，实际一般为70～90V。显然，70～90V的交流电焊机空载电压也大于安全电压的上限值50V，人同样有触电的危险。此外，由于环境潮湿、人体皮肤潮湿、触电时间长等情况，70～90V的电压造成人触电的危险将增大。

3.2.2　焊接触电事故的原因及防护措施

1. 焊接时发生直接触电的原因

1）手或身体某部在更换焊条、电焊机、焊接工件时接触焊钳、焊条、焊枪等带电部分，而脚或身体的其他部位对地面或金属结构之间的绝缘性不好，尤其是在容器管道内、阴雨潮湿的地方或人体有大量汗水的情况下进行焊接，容易发生触电事故。

2）手或身体某部碰到裸露且带电的接头线、接线柱、导线、极板及破皮或绝缘失效的电线电缆而触电。

3）在靠近高压电网的地方进行焊接时引起触电。

2. 焊接时发生间接触电事故的原因

1）电焊设备漏电。人体触及因漏电而带电的壳体时发生触电。电焊设备漏电的原因：

① 线圈因雨淋或受潮导致绝缘损坏而漏电。

② 设备由于超负荷使用或内部短路而发热或有腐蚀性物质作用，致使绝缘性能降低而漏电。

③ 电焊设备因受振动、撞击而使线圈或引线的绝缘部分造成机械性的损坏，同时破损的导线与铁心或箱壳相连而漏电。

④ 由于工作场地管理混乱，致使小金属物（如铁丝、铁屑、螺栓、螺母、焊条头等）一端碰到电线头，另一端碰到箱壳或铁心而漏电。

2）弧焊变压器的一次绕组与二次绕组之间绝缘破坏，错将变压器的输出端当输入端接到电网上，或者将输入电压为220V的弧焊变压器错接到380V的电网上，人体触及焊接回路裸导体而发生触电。误将相线接设备机壳，导致设备机壳带电而发生触电。

3）触及绝缘破坏的电缆、开关等而发生触电。

4）由于利用厂房的金属结构、管道、轨道、天车吊钩或其他金属物搭接作为焊接回路而发生触电。

3. 电焊设备的安全用电要求和检查

1）焊接设备的空载电压既要满足焊接工艺的要求，同时又要保证焊工操作的安全。

2）焊接设备的功率或容量能够满足在给定的焊接条件下正常进行焊接，并设单独的控制装置。控制装置应能可靠地切断设备的危险电流，以保证安全。焊接设备及附属装置的安装空间应保证操作方便和安全。

3）焊接设备各个带电部分对地、对外壳、相与相、线与线之间的绝缘电阻都不得小于1MΩ。

4）焊接设备有外露带电部分时，必须有完好的隔离防护装置，如防护罩、绝缘隔离板等。

5）焊接设备的结构合理、便于维修，各接头处和连接件应牢固可靠。

6）正常状态下焊接设备不带电的金属外壳，必须采用保护接零或保护接地的防护措施。

4. 电焊工具的安全要求和检查

（1）焊接电缆

1）在多丝纯铜软芯线外包胶皮绝缘层，其绝缘电阻不得小于1MΩ。

2）电缆应轻便柔软，能任意弯曲和扭转，便于焊接操作。

3）电缆应具有良好的抗机械损伤能力，有耐油、耐蚀等性能，以适应焊接工作环境的需要。

4）电缆的长度和截面根据焊接工作条件按规定选择，避免超负荷使用。

5）电缆最好使用整根的。短根接长使用时，其接头数目应不超过两个。接头处应用铜导体接牢且电阻要小，并将接头处用绝缘布包扎好。

6）电缆与设备、焊钳、焊枪、工件的接触应良好。

7）电缆应定期检查其绝缘性能，一般半年一次为宜。

（2）电焊钳　电焊钳（图3-8）的作用是夹持焊条和传导电流，是焊条电弧焊的主要工具，而且直接关系到焊工的操作安全，因此必须符合以下安全要求。

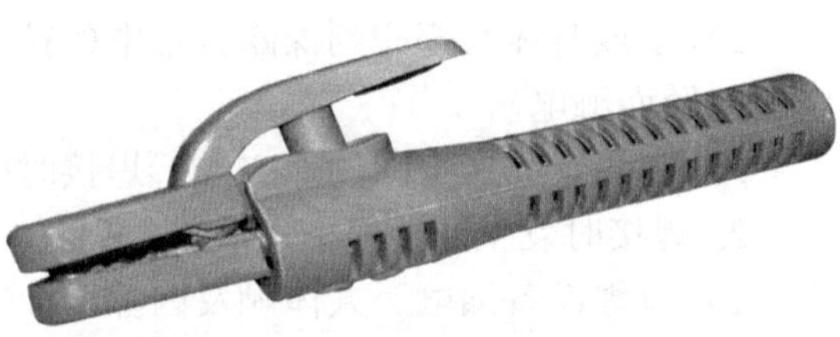

图3-8　焊条电弧焊用电焊钳

1）电焊钳应在所设置的任一角度都能夹紧焊条，并保证更换焊条时安全、方便。

2）电焊钳的手柄等应有良好的绝缘性能和隔热性能。

3）电焊钳与焊接电缆的连接应简便、可靠，接触良好。

4）电焊钳应轻便（质量不超过0.6kg），易于操作。

5）焊接过程中，禁止将过热的电焊钳放入水中冷却和继续使用。

6）电焊钳的手柄处绝缘物必须良好，否则应立即修理。如确实不能使用，应换新的，禁止使用绝缘损坏或没有绝缘的电焊钳。表3-13、表3-14列出了电焊钳的基本参数及电焊钳的温升不应超过值。

表3-13　电焊钳的基本参数

规　格	额定焊接电流/A	额定负载持续率	可夹持的焊条直径/mm	能够连接的电缆截面积/mm^2
160（150）	160（150）	60%	2.0~4.0	≥25
250	250	60%	2.5~5.0	≥35
315（300）	315（300）	60%	3.2~5.0	≥35
400	400	60%	3.2~6.0	≥50
500	500	60%	4.0~8.0	≥70

表3-14　电焊钳的温升不应超过值

规格	160（150）	250	315（300）	400	500
温升/K	35	40	40	45	45

5. 个人防护用品

电焊工的个人防护用品包括：防护手套、绝缘胶鞋、防护面罩、工作服、绝缘垫板等。

1）防护手套的长度不得短于300mm，应用较柔软的皮革或帆布制作。防护手套应保持完好和干燥。

2）绝缘胶鞋应保持完好和干燥。

3）防护面罩应尽量不用或少用金属材料，必须用的金属件应保证在正常使用时不能接触到人体。

4）工作服应保持完好干燥，布料应结实耐磨，而且耐火性能要好，不产生静电。

5）在锅炉、容器、管道类工件内施焊时，应使用绝缘垫板，以防止触电。照明灯必须采用安全电压电源，一般不宜超过12V。

6. 预防触电的安全措施

1）加强对焊工的电气安全技术教育，持证上岗。

2）电焊设备与电力线路的连接、拆除以及电焊设备的电气维修必须由电工完成，焊工不得擅自处理。

3）做好隔离防护。电焊设备应有良好的隔离防护装置，避免人体与带电体接触。伸出箱外的接线端应用防护罩盖好；有插销孔接头的设备，插销孔的导体应隐蔽在绝缘板平面内；设备的电源线长度越短越好，一般不超过2～3m，若临时紧迫需要较长电源线时，应在离地面2.5m以上的墙壁上用瓷瓶隔离架设，不得将电源线拖在地面上；各设备之间，以及设备与墙壁之间至少要留1m宽的通道；焊接设备和电源变压器之间的通道宽度不能小于1.5m。

4）保持良好的绝缘。对焊接设备、电源线、焊接电缆及电焊工具等，要定期检查其绝缘性能（包括绝缘电阻、耐压强度、泄漏电流、介质损耗等）。

5）安装自动断电装置。

6）加强个人防护，防护服、防护手套、绝缘胶鞋等必须使用并符合安全使用要求。

7）采取保护接地或保护接零措施。

3.2.3 电焊机二次线触电成因及预防

1. 电焊机二次线触电成因

电焊机二次线触电事故频发，原因在于二次线电压较低（空载电压一般为50～90V），人们对触电的原因认识不足，往往错误地认为电焊机二次线是“安全”的，导致二次线致人死亡的事故案例屡见不鲜。某造船厂有一位年轻的女电焊工，正在船舱进行电焊，因船舱内温度高而且通风不好，身上大量出汗，帆布工作服和皮手套已湿透。在更换焊条时触及焊钳口，因痉挛后仰跌倒，焊钳落在颈部未能摆脱，造成电击，事故发生后经抢救无效而死亡。这起事故告诉我们，电焊机二次线电压虽低却足以致命。

电焊机空载电压一般为50～90V，而安全电压最高等级为42V，空载电压高于安全电压，这是二次线最主要的不安全因素；另外，一般电焊机电弧引燃后，要维持电弧所需的工作电压为16～35V，此电压虽然在安全电压范围内，但在不良的焊接环境下，如在金属结构上、金属容器、管道内或水下、潮湿地点进行焊接时，若焊工身体状况较差，人体电阻很低，也可能造成触电，安全电压并不是绝对安全的。

从更广的范围来探讨电焊机二次线触电问题，其对人体造成的伤害形式是多种多样的。

电焊过程中人体与二次线接触，电流作用于人体，在接触部位会产生电流灼伤、电烙印或由于中枢神经反射和肌肉强烈收缩而导致机体组织断裂、骨折等机械性伤害；电焊过程中会产生电弧，在作业者防护不当时，可引发电光眼疾患或使金属微粒渗入皮肤而导致皮肤金属化；另外，还有更为严重的电击。分析这些触电事故的原因，发现主要存在下列不安全因素。

(1) 电焊机和焊接回路客观上存在触电危险

1) 电焊机二次绕组绝缘损坏，二次接线柱绝缘不良，致使电焊机外壳带电，而电焊机未接地接零或接地接零、漏电保护器出现问题，电源无法断开，电焊机外壳长时间带电。

2) 二次输出端接线柱无防护罩、二次电缆线裸露、电焊钳绝缘不合格而出现漏电现象。

3) 由于利用厂房的金属结构、管道、轨道、天车吊钩或其他金属物搭接作为焊接回路等。

(2) 焊接环境不良　在金属容器、管道内、金属结构上或潮湿的地点、水下进行焊接作业，都属于焊接环境不良。夏季气温较高，湿度较大，焊工长时间进行焊接作业，通风不良，人体大量出汗和疲劳，身体有病或情绪不佳，也会导致人体电阻大大降低。

(3) 焊工防护措施不到位　焊工未按规定穿戴防护用品，尤其是绝缘手套、绝缘胶鞋和防护面罩；绝缘用品因潮湿、破损等原因失效；在危险环境下，脚下无绝缘垫。

由于上述物质和环境危险因素的存在，在焊工产生失误或在正常操作的情况下其他人员触及不正常带电体，就会形成电流回路，造成触电。

2. 预防对策

为了防止二次线触电事故，避免抢救不及时造成严重伤害，必须在管理、技术和急救方面采取切实有效的预防措施。

1) 必须严格电焊工资质的管理。电焊工是国家明确规定的特殊工种之一，其培训、考核、取证、复审和人员的使用管理必须严格执行国家的规定，杜绝无证施焊现象。

2) 电焊工防护用品必须穿戴齐全。焊接作业人员应保证工作服、绝缘胶鞋、绝缘手套、防护面罩、遮光镜片质量合格，性能达到国家标准要求。这是防止电击、电烧伤、皮肤金属化、电光眼、电烙印和机械性伤害等的最基本和最有效的措施。

3) 电焊机必须选用合格的产品。电焊机要有防止过载的热保护装置，在调节电流的铭牌上有明显的过载指示；电焊机各导电部分之间要有良好的绝缘，其绝缘电阻值在初级回路与次级回路之间应不低于5MΩ，在带电部分与机壳、机架之间应不低于2.5MΩ；介电强度的试验电压值符合国家规范要求；焊机的一次电源线长度一般不宜超过2~3m；电焊机工作的环境温度一般在-10~+40℃之间，空气相对湿度在20℃时不高于90%；特殊环境下，如在气温过低或过高、湿度过大、气压过低以及在腐蚀性或爆炸性等情况下，应使用适合特殊条件性能的电焊机，或采取必要的防护措施；每半年应进行一次电焊机维修保养，当发生故障时，应立即切断电焊机电源，及时进行检修。

4) 电焊机一次线和二次线的接线柱端口都必须有良好的防护罩，防止人体意外触及带电体。如果防护罩是金属材料，必须防止防护罩和接线端口的接线柱、金属导线碰触或连接，以免防护罩带电。电焊机二次电缆线必须绝缘良好，不能有裸露现象。二次电缆线应按国家标准GB/T 5013.6—2008《额定电压450/750V及以下橡皮绝缘电缆　第6部分：电焊机电缆》选用，其绝缘电阻不得小于1MΩ，并应具有良好的导电能力，线芯应用多股细铜线（直径为0.2~0.4mm），并且轻便、柔软、便于操作；其截面积应根据使用的焊接电流与电缆线的长度的不同来确定，以防在使用中因为过热而烧毁绝缘层；一般长度不超过

20～30m；二次电缆线和电焊机可以用设备耦合器相连；二次电缆线接头处可以用焊接电缆耦合器（俗称快换接头）进行连接，接头不能多于两个，接头处应绝缘良好。

5）电焊钳的质量必须符合安全要求，其绝缘电阻不得小于1MΩ；介电强度通过实验应达到绝缘部分能承受有效值为1000V的交流试验电压而无闪络或击穿现象；电焊钳的热额定值通过检测升温、耐热和耐焊接飞溅物达到规定要求；力学性能通过拉伸试验和耐冲击试验符合规定要求；在使用过程中，禁止将热焊钳浸入水中冷却。

6）电焊机的使用坚持“一机一闸一漏一箱”的原则。即每台电焊机必须配备一个独立的电源控制箱，控制箱内有容量符合要求的铁壳开关（或自动空气开关）和漏电保护器，当电焊机超负荷时，应能自动切断电源；禁止多台电焊机共用一个电源开关；电焊机和电源控制箱的金属外壳都必须接地（或接零），接地电阻R_d小于4Ω，其外壳上的接线螺钉规格不得小于M8，接地线应采用中间无接头的整根导线，导线截面应为相线截面的1/3～1/2且不应小于$2.5mm^2$；漏电保护器必须选用符合GB/Z 6829—2008《剩余电流动作保护器的一般要求》的产品。这样，可以防止电焊机因内部绝缘不良、一次线或二次线接线端口绝缘不良而使电焊机金属外壳带电。

7）安装电焊机空载自动断电保护装置。一般电焊机电弧电压为16～35V（低于安全电压），也就是引弧后电源输出电压即二次线电压自动下降到工作电压才能稳定地继续施焊，此时，二次线电压安全程度是较高的，但是停焊时二次线电压即变为空载电压50～90V，比较危险，如果此刻能够切断电焊机电源，就可以从根本上消除二次线乃至一次线的隐患，电焊机空载自动断电保护装置就具有在设定时间内自动切断电焊机电源的功能。装置由执行单元（控制主电路的接通与切断）、计时单元（实现二次输出断路的计时控制）、稳定单元（在焊接中采用电流来控制计时单元的稳定）和检测单元（实现二次回路电压的检测）构成。

当焊工停止焊接（焊枪离开工件）时，该装置在设定的时间内（一秒至数秒）自动切断电源；当重新开始焊接，焊条触到工件时，装置自动送电起弧。这样，可以防止电焊机在停用时焊工忘记关闭电源而使电焊机一直处于开启状态的情况发生；另外，在误操作或设备本身绝缘不良而使人体触电的情况下，由于焊接中断，延时开关将在设定的时间内自动切断电源，缩短了人体触电的时间，可以使触电者不受伤害或受伤轻微，避免了触电事故的严重后果。国家规定，在特别危险的环境下如在金属容器、管道内，金属结构上，潮湿地点以及水下、高空等处进行焊接作业，电焊机必须配装空载自动断电保护装置。电焊机配备空载自动断电保护装置是在技术上防止二次线触电事故发生的极为有效的办法。

8）在不良的环境下施焊，使用“一垫一套”防止触电。在金属容器、管道内，金属结构上及潮湿地点进行焊接时，触电的危险性很大，除采取安装电焊机自动断电保护装置的措施外还可以采用加“一垫一套”的办法来预防触电，即在焊工脚下加绝缘垫，在焊钳上套上绝缘套。

9）严禁使用厂房构件、金属结构、轨道、管道或其他金属物代替焊接电缆。使用这些金属物作为焊接电缆，很容易引起触电，同时会因接触不好，产生火花，引起火灾。

10）由电工进行电焊设备的安装、维修和检查。工作中如设备出现故障，应立即切断电源，找专职有证电工检修，焊工不得擅自处理。

11）电焊机使用过程中不允许超载。若超载运行会因过热而烧毁电焊机，造成危险；如果绝缘烧坏，可能引起漏电而发生触电事故。电焊机发热多少与电流大小和通电时间有关，所以过载指两个方面：一是指焊接电流超过了额定电流值，另一方面是指使用时间超过了额定暂载率。暂载率是指通电工作时间与规定时间之比，即暂载率 =（通电工作时间/规定时间）×100%，电焊工进行焊条电弧焊时，按国家规定，工作周期即规定时间为 5min，并且规定额定暂载率为 60%，即在 5min 之内只允许通电工作 3min。工作结束时，要立即切断电源，盘好电缆线，清扫场地，经确认无隐患后，方可离开。

12）触电急救。对触电者进行急救，要点是救治及时和采取正确的救护方法，而最为关键的是“快”。据统计，触电后不超过 1min 开始救治者，90% 有良好效果；触电后 6min 开始救治，则 10% 有良好效果；12min 才开始救治，则救活率很小。所以及时抢救至关重要。急救的第一步是尽快使触电者脱离电源。第二步是现场救护，触电者脱离电源后，应立即争分夺秒就地进行抢救，抢救时应该按科学的方法和步骤对症救治，如果触电者心跳或呼吸停止，应正确使用口对口（鼻）人工呼吸法和胸外心脏按压法，不能消极地等待医生，在现场施行正确急救的同时，派人通知救护车和医务人员到现场，也可以联系其他车辆将触电者送往医院。抢救应坚持不断，切不可轻率停止，运送途中也不能停止抢救，更不能轻率地断定触电者已经死亡，实际抢救中有抢救 5h 才救活的实例，因此只有医生才可以确诊触电者是否已经死亡。送到医院后应由医生进行科学的救治。

3.2.4 焊接安全生产的其他知识

1. 弧光辐射及预防

焊接作业时，会产生对人体有害的电焊弧光。电焊弧光主要包括紫外线、红外线及可见光线。这些都属于热线谱。焊接电弧温度为 3000℃时，其辐射波长小于 290nm；温度为 3200℃时，其辐射波长小于 230nm。当光辐射作用在人体上时，机体内的组织便会吸收，引起组织的热作用、光化学作用或电离作用，致使人体组织发生急性或慢性损伤。

紫外线可引起皮炎，皮肤上出现红斑，像太阳晒过一样，甚至出现小水泡、渗出液和浮肿，有灼烧、触痛、发痒的感觉，以后会变黑、脱皮。眼睛对紫外线最敏感，短时间照射就会引起电光性眼炎，其症状是疼痛、有沙粒感、多泪、畏光、怕风吹、视力不清等，一般不会有后遗症。

红外线对人体的危害主要是引起组织的热作用，使人产生热的感觉；短波红外线可被组织吸收，使血液和深部组织加热，产生灼伤。在焊接过程中，眼睛受到强烈的红外线辐射，立即会感到强烈的灼伤和灼痛，发生闪光幻觉，长期接触还可能造成红外线白内障，视力减退，严重时能导致失明，还会造成视网膜灼伤。

焊接电弧可见光线的光变，比肉眼正常承受的光变要大 1 万倍以上。受到照射时眼睛有疼痛感，一时看不清东西，通常称为电弧“晃眼”，即眼睛在短时间内失去劳动能力，但不久便可恢复。

为了预防电焊弧光对人体的危害，焊工在焊接时必须穿好表面平整、反射系数大的工作服，戴好手套、鞋盖，不允许焊工卷起袖口或穿短袖衣、敞开衣领从事焊接工作。工作裤穿上后要保证在蹲下时有足够长度，避免脚踝处裸露而被弧光灼伤。

为了预防弧光对眼睛的伤害，焊工在焊接时必须使用镶有特制滤光镜片的面罩（图 3-9）。面罩用暗色的钢纸板制成，成形合适、轻便、耐热、不导电、不漏光等。面罩上所镶的滤光镜片，俗称黑玻璃，常用的是吸收式过滤镜片，其黑度选择应按照焊接电流的强度确定，见表 3-15。同时也应考虑焊工的视力情况和焊接环境的亮度。年轻焊工视力较好，宜用色号大和颜色深的滤光镜片；在夜间或光线较暗的环境中焊接时，也应选择较暗的镜片。

表 3-15　滤光镜片的选择

序　　号	滤光镜片色号	颜　　色	适用电流/A
1	9	较　　浅	<100
2	10	中　　等	100～350
3	11	较　　深	>350

为了预防焊工皮肤受到电弧伤害，焊工的防护服装应采用浅色或白色的帆布制成，以增加对弧光的反射能力。工作时袖口应扎紧，手套要套在袖口外面，领口要扣好，裤管不能打折，皮肤不得外露。

为了防止辅助工和焊接地点附近的其他工作人员受弧光伤害，要注意互相配合，及时提醒，或放置如图 3-10 所示的警示标识；辅助工要戴有色眼镜。在固定位置焊接时，应使用遮光屏。

图 3-9　焊接防护面罩

图 3-10　当心弧光警示标识

2. 射线的伤害及预防

氩弧焊和等离子弧焊使用的钍钨极棒含有 1%～1.2%（质量分数）的氧化钍，钍是一种放射性物质，在焊接过程中和与钍钨极棒接触的过程中，会受放射线影响。放射线以两种形式作用于人体：一是体外照射，二是通过呼吸系统和消化系统进入体内发生体内照射。从对氩弧焊和等离子弧焊的大量调查和测定证明，它们的放射性危害是较小的，因为每天消耗钍钨极棒仅 100～200mg，放射剂量极微，对人体影响不大。但有两种情况必须注意：一是在容器内焊接时，通风不畅，烟尘中放射性粒子有可能超过卫生标准；二是在磨削钍钨棒和存放钍钨棒的地点，放射性气溶胶和放射性粉尘的浓度可达到甚至超过卫生标准。放射性物质侵入体内可引起慢性放射性病，主要表现为一般机能状态减弱，明显的衰弱无力，对传染病的抵抗力明显降低，体重减轻等症状。

预防放射线伤害的措施有以下几项：

① 钍钨棒应有专用的储存设备，大量存放时应藏于铁箱里，并安装排气管。

② 采用密闭罩施焊时，在操作中不应打开罩体；手工操作时，必须戴送风防护头盔或采用其他有效措施。

③ 应备有专用砂轮磨削钍钨棒；砂轮机要安装除尘设备，砂轮机地面上的磨屑要经常做湿式扫除，并集中深埋处理。

④ 磨削钍钨棒时应戴防尘口罩。接触钍钨棒后应用流水和肥皂洗手，并经常清洗工作服

和手套等。

⑤ 焊割时选择合理的规范，避免钍钨棒的过量烧损。

⑥ 尽可能不用钍钨棒而用铈钨棒或钇钨棒，后两者无放射性。

3. 噪声的危害

在焊接生产现场会出现不同的噪声源，如对坡口的打磨、装配时的锤击、焊缝修整、等离子切割等。操作人员在噪声为90dB的环境下工作8h，其听觉和神经系统会受损。例如，手工打磨的噪声达108dB。一般情况下，当噪声超过允许值5~20dB时，就对焊工产生有害影响。

4. 焊接粉尘和有害气体的危害与防护

（1）焊接粉尘的危害　焊接过程中会产生大量的金属粉尘，称为焊接粉尘。焊接粉尘首先来源于焊接过程中金属元素的蒸发，主要元素有铁、锰等，其中锰的毒性最大。焊接电弧的高温往往高于金属的沸点，许多金属元素蒸发呈金属蒸气状态飘浮起来，并随即发生冷凝和氧化，形成不同粒度的金属粉尘。焊接粉尘的直径通常在1μm以下，容易吸入肺部发生病变。在焊接粉尘浓度较大的情况下，又没有相应的排尘措施时，长期接触焊接粉尘能引起焊工尘肺、锰中毒和金属热等职业疾病。

（2）有毒气体的危害　在焊接电弧的高温和强烈紫外线作用下，弧区周围形成多种有害气体，主要有臭氧、氮氧化物、一氧化碳和氟化氢等。臭氧浓度超过一定限度时，往往引起咳嗽、咽干、舌燥、胸闷、食欲不振、疲乏无力、头晕、恶心、全身疼痛等。严重时特别是在密闭容器内焊接而又通风不畅时，还可引起支气管炎。氮氧化物比臭氧的毒性小。在焊接过程中，通常是臭氧和氮氧化物同时存在，因此它们的毒性更大。一般情况下，两种有毒气体同时存在比单一有毒气体的危害作用高15~20倍。一氧化碳是一种窒息性气体，急性中毒时表现为头疼、眩晕、恶心、呕吐、全身无力、两腿发软，以至有昏厥感，如立即离开现场，吸入新鲜空气，症状可迅速消失。

为了减少粉尘及有害气体的危害，主要应从以下几个方面着手：

1）设法降低焊接材料的发尘量和烟尘毒性，如低氢型焊条内的萤石和水玻璃都是强烈的发尘致毒物质，因此应尽可能采用低尘、低毒的低氢型焊条。

2）加强通风，采用换气装置把新鲜气体输送至厂房或工作场地，并及时将有害物质和被污染的空气排出。通风可用自然风也可用机械风，可全部通风也可局部通风，也可采用焊接除尘器（图3-11）。

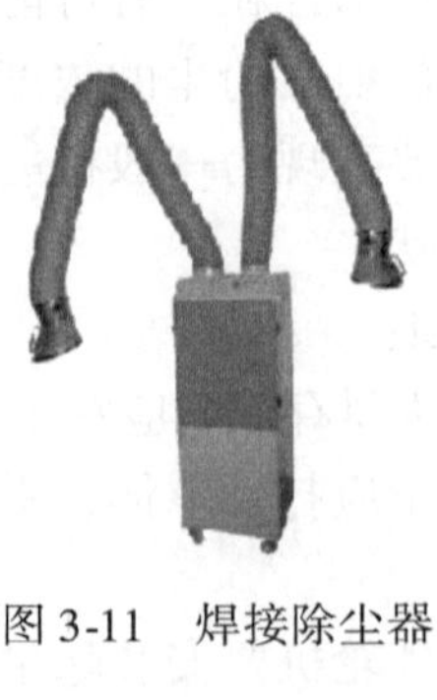

图3-11　焊接除尘器

3）提高焊接自动化水平，积极开展焊接工艺的技术革新，不断扩大自动焊、半自动焊的使用范围，提高焊接机械化和自动化程度。从工艺上合理组织施焊，尽量避免过于集中施焊。如图 3-12 所示为注意防尘警示标识。

图 3-12　注意防尘警示标识

5. 烟尘的危害与防护

焊接及相关工艺过程中产生的有害于健康的气态和颗粒状态的物质，包括气体、烟雾、灰尘等。焊接烟尘的颗粒中可被吸入部分（尤其是小于 3μm 的颗粒）会侵入到肺的深处，因而具有更大的危害性。对健康的短期影响表现为对呼吸道的刺激、咳嗽、胸闷、金属蒸气所致的低热以及急性流感症状等；长期影响是肺部的铁质沉着病症及良性瘤，但还未发现导致肺癌的直接证据。

为了确保焊接工作环境的安全，世界各国都已对焊工在焊接烟尘中的暴露限度设有相应的标准，虽然可能会有些不同，但对烟尘量的典型控制值均不大于 $5mg/m^3$。同时要考虑焊工在该环境下的工作时间。一是采用 8h 的时间权重平均值，主要用于分析烟尘成分对健康的影响；另一方法是采用 15min 短期暴露，分析对健康影响的最大值。其中还应注意到烟尘的成分和浓度、焊工的工作周期、工件的尺寸以及烟尘相对于焊工的方向。

烟尘的成分原则上 90% 取决于焊接耗材，仅少部分来源于母材。但不同的焊接方法对焊接烟尘成分的影响很大。焊条电弧焊和药芯焊丝电弧焊产生的气体中含有高比例的药皮或药芯的成分，而熔化极气体保护焊过程产生的烟雾中含有高浓度的熔覆金属成分。

特别要提醒的是，在狭窄空间内进行气体保护焊操作时，由于空气被保护气体所替换，操作者可能在几秒钟内就会失去知觉甚至死亡。其原因不仅是新鲜空气的缺乏，而且血液中的氧会被其他气体所代替。

焊接烟尘单位时间的产生量与焊接工艺、焊接参数及保护气体成分等都有密切的关系。

保护气体中的氧或二氧化碳浓度越高，焊接过程中烟尘的产生率就越多。当用氦气代替氩气保护时，也会产生较多的烟雾，但其影响并不直接来源于电弧电压的增加。

对于焊条电弧焊和药芯焊丝电弧焊，药皮或药芯的成分中易挥发的成分越多，烟尘的产生率就越高。碱性类配方比金红石（酸性）类配方产生的烟尘相对要多。此外，切割和炭弧气刨也会产生大量的烟尘。

在焊接现场采用局部排气装置是最有效的除尘方法。采用此方法可使净化后的空气返回工作区。一般排气效率为 $100\sim1000m^3/h$。内置抽吸式焊枪（规格有 200A、315A、500A 等）已与标准的半自动焊机配套，可较方便、有效地清除焊接区的烟尘，对实芯和药芯焊丝都有效。

6. 防止焊接作业时的火灾爆炸事故

对于正在运行或使用过程中的易燃、易爆设备或容器不得进行焊接；焊接完成后的工件尚未冷却不能投入运行，否则，容易引起燃烧爆炸事故。

在易燃、易爆场所焊接，焊接前必须按规定事先办理动火作业许可证，经有关部门审批，同意后方可作业，严格做到“三不动火”。正式焊接前，检查作业下方及周围是否有易燃、易爆物，作业面是否有诸如油漆类防腐物质，如果存在应事先做好妥善处理。在临近运行的生产装置区、油罐区内焊接作业时，必须砌筑防火墙；如有高空焊接作业，还应使用石棉板或铁板予以隔离，防止火星飞溅。如在生产、储运过易燃、易爆物的容器、设备或管道上施焊，焊接前必须检查与其连通的设备、管道是否关闭或用盲板封堵隔断，并按规定对其进行吹扫、清洗、置换、取样化验，经分析合格后方可施焊。

在易燃、易爆危险场所进行现场施焊常采取的措施有：

① 拆迁。把焊件拆下来并迁到安全地带焊接。

② 隔离。把焊件和其他易燃、易爆物隔离开。

③ 置换。将可燃气体吹扫出来，将不可燃气体或水注入设备或管道后再进行焊接。

④ 清洗。用热水、蒸汽、酸液或碱液等不可燃溶剂清洗后进行焊接。

⑤ 迁移。将现场的易燃、易爆物品移至其他安全地方后再焊接。

7. 焊接作业安全管理

1）焊工安全教育，加强源头管理，确保焊接作业人员持证上岗。加强对电焊工的教育和管理，增强其工作责任感，严格对电焊设备和作业的管理。焊接操作必须由经过培训并持证上岗的电焊工进行，并严格遵守操作规程。在经常进行电焊作业的场所应张贴焊接的规章制度。在施工前要让焊工出具相关证件，确保焊接作业人员持证上岗。

2）明确安全责任，增强施工人员的安全意识。建立重点工种岗位责任制，使从事焊接工种岗位的人员都有明确的职责，并建立起合理、有效、文明的安全生产秩序，并与奖惩制度挂钩，有奖有惩，消除无人负责的现象。各级领导、职能部门和工程技术人员，必须保证与焊接有关的现行劳动保护法令、法规所规定的安全技术标准和要求得到贯彻执行。

3）强化宣传教育，提高员工的安全操作意识。首先，加强对员工的岗前学习和培训。明确规定在有火灾、爆炸危险场所内，不得进行电焊作业；在积存可燃气体、可燃蒸气的管沟、深坑和下水道内及其附近，没有消除危险因素之前不能进行电焊作业；对焊件的内部结构、性质、存积物等未了解清楚之前，及对金属容器内残存的易燃液体未处理前，不得进行电焊作业；制作、加工和储存易燃、易爆危险品的房间内，储存易燃、易爆物品的储罐和容器、带电设备、刚涂过油漆的建筑构件或设备在没有采取相应的安全措施时，不得进行电焊作业。其次，通过对事故案例的宣传报道，增强员工的安全意识，变被动为主动。要定期加强对焊接工种人员的技术培训和消防知识学习，并制订切实可行的学习、训练和考核计划，研究和掌握焊接工种人员的心理状态和不良行为，不断改善工作环境和条件，减少事故发生的概率。

4）加强现场监管，消除事故隐患。在现场施工中，严格动火管理制度，严格落实电、气焊作业中的安全防范措施。要在电焊机外壳设有可靠的保护接零；为电焊机设置单独的电源开关；电焊机安放在通风良好、干燥、无腐蚀介质、远离高温高湿和多粉尘的地方，露天使用时应设防雨棚；施焊地点潮湿时，焊工应站在干燥的绝缘板或胶垫上作业，配合人员应穿绝缘鞋或站在绝缘板上；高空焊接或切割时，必须系好安全带，焊接周围和下方应采取防火措施，并应设专人监护；作业时要保证电焊作业现场周围 10m 内没有堆放易爆物品，飞溅的熔珠火花不会掉入下层可燃物中而引燃可燃物。现场监护人员对检查中发现的火灾隐患应及时消除、严加防范，以确保施工作业现场的消防安全。

计 划 单

<table>
<tr><td>学习领域</td><td colspan="5">焊接生产管理</td></tr>
<tr><td>学习情境 3</td><td colspan="3">除污器焊接生产的安全管理</td><td>学时</td><td>12 学时</td></tr>
<tr><td>任务 3.2</td><td colspan="3">焊接生产工位的安全管理</td><td>学时</td><td>6 学时</td></tr>
<tr><td>计划方式</td><td colspan="5">小组讨论</td></tr>
<tr><td>序号</td><td colspan="2">实施步骤</td><td colspan="3">使用资源</td></tr>
<tr><td></td><td colspan="2"></td><td colspan="3"></td></tr>
<tr><td></td><td colspan="2"></td><td colspan="3"></td></tr>
<tr><td></td><td colspan="2"></td><td colspan="3"></td></tr>
<tr><td>制订计划
说明</td><td colspan="5"></td></tr>
<tr><td>计划评价</td><td colspan="5">评语：</td></tr>
<tr><td>班级</td><td></td><td colspan="2">第　　组</td><td>组长签字</td><td></td></tr>
<tr><td>教师签字</td><td colspan="2"></td><td>日期</td><td colspan="2"></td></tr>
</table>

决 策 单

<table>
<tr><td>学习领域</td><td colspan="7">焊接生产管理</td></tr>
<tr><td>学习情境 3</td><td colspan="5">除污器焊接生产的安全管理</td><td>学时</td><td>12 学时</td></tr>
<tr><td>任务 3.2</td><td colspan="5">焊接生产工位的安全管理</td><td>学时</td><td>6 学时</td></tr>
<tr><td colspan="6">方案讨论</td><td>组号</td><td></td></tr>
<tr><td rowspan="16">方案决策</td><td>组别</td><td>步骤
顺序性</td><td>步骤
合理性</td><td>实施可
操作性</td><td>选用工具
合理性</td><td colspan="2">原因说明</td></tr>
<tr><td>1</td><td></td><td></td><td></td><td></td><td colspan="2"></td></tr>
<tr><td>2</td><td></td><td></td><td></td><td></td><td colspan="2"></td></tr>
<tr><td>3</td><td></td><td></td><td></td><td></td><td colspan="2"></td></tr>
<tr><td>4</td><td></td><td></td><td></td><td></td><td colspan="2"></td></tr>
<tr><td>5</td><td></td><td></td><td></td><td></td><td colspan="2"></td></tr>
<tr><td>1</td><td></td><td></td><td></td><td></td><td colspan="2"></td></tr>
<tr><td>2</td><td></td><td></td><td></td><td></td><td colspan="2"></td></tr>
<tr><td>3</td><td></td><td></td><td></td><td></td><td colspan="2"></td></tr>
<tr><td>4</td><td></td><td></td><td></td><td></td><td colspan="2"></td></tr>
<tr><td>5</td><td></td><td></td><td></td><td></td><td colspan="2"></td></tr>
<tr><td>1</td><td></td><td></td><td></td><td></td><td colspan="2"></td></tr>
<tr><td>2</td><td></td><td></td><td></td><td></td><td colspan="2"></td></tr>
<tr><td>3</td><td></td><td></td><td></td><td></td><td colspan="2"></td></tr>
<tr><td>4</td><td></td><td></td><td></td><td></td><td colspan="2"></td></tr>
<tr><td>5</td><td></td><td></td><td></td><td></td><td colspan="2"></td></tr>
<tr><td>方案评价</td><td colspan="7">评语：</td></tr>
<tr><td>班级</td><td></td><td>组长签字</td><td></td><td>教师签字</td><td></td><td colspan="2">月 日</td></tr>
</table>

工 具 单

场地准备	工具准备	资料准备
焊接专业一体化教室	A2 幅面图纸 彩色卡纸 剪刀 易事贴 打印机	焊接设备使用说明书 除污器产品图样 锅炉与压力容器生产规程 企业厂房图样

作 业 单

学习领域	焊接生产管理		
学习情境 3	除污器焊接生产的安全管理	学时	12 学时
任务 3. 2	焊接生产工位的安全管理	学时	6 学时
作业方式	小组分析、个人解答、现场批阅、集体评判		
1	焊接生产工位平面图		

作业解答：

2	电焊机安全操作规程

作业解答：

3	电焊机使用安全看板及焊接工位安全管理办法

作业解答：

作业评价：

班级		组别		组长签字	
学号		姓名		教师签字	
教师评分		日期			

检　查　单

<table>
<tr><td>学习领域</td><td colspan="4">焊接生产管理</td></tr>
<tr><td>学习情境 3</td><td colspan="2">除污器焊接生产的安全管理</td><td>学时</td><td>12 学时</td></tr>
<tr><td>任务 3. 2</td><td colspan="2">焊接生产工位的安全管理</td><td>学时</td><td>6 学时</td></tr>
<tr><td>序号</td><td>检查项目</td><td>检查标准</td><td>学生自查</td><td>教师检查</td></tr>
<tr><td>1</td><td>任务书阅读与分析能力，正确理解及描述目标要求</td><td>准确理解任务要求</td><td></td><td></td></tr>
<tr><td>2</td><td>与同组同学协商，确定人员分工</td><td>较强的团队协作能力</td><td></td><td></td></tr>
<tr><td>3</td><td>查阅资料能力，市场调研能力</td><td>较强的资料检索能力和市场调研能力</td><td></td><td></td></tr>
<tr><td>4</td><td>资料的阅读、分析和归纳能力</td><td>较强的总结能力、报告撰写能力</td><td></td><td></td></tr>
<tr><td>5</td><td>安全生产与环保</td><td>符合“5S”要求</td><td></td><td></td></tr>
<tr><td>6</td><td>事故的分析诊断能力</td><td>事故处理得当</td><td></td><td></td></tr>
<tr><td>检查评价</td><td colspan="4">评语：</td></tr>
</table>

班级		组别		组长签字	
教师签字				日期	

评　价　单

学习领域	焊接生产管理								
学习情境 3	除污器焊接生产的安全管理						学时		12 学时
任务 3. 2	焊接生产工位的安全管理						学时		6 学时
评价类别	评价项目	子项目	个人评价	组内互评					教师评价
专业能力（60%）	资讯（8%）	收集信息（4%）							
		引导问题回答（4%）							
	计划（5%）	计划可执行度（5%）							
	实施（12%）	工作步骤执行（3%）							
		功能实现（3%）							
		质量管理（2%）							
		安全保护（2%）							
		环境保护（2%）							
	检查（10%）	全面性、准确性（5%）							
		异常情况排除（5%）							
	过程（15%）	使用工具规范性（7%）							
		操作（分析设计）过程规范性（8%）							
	结果（5%）	结果质量（5%）							
	作业（5%）	作业质量（5%）							
社会能力（20%）	团结协作（10%）	对小组的贡献（5%）							
		小组合作配合状况（5%）							
	敬业精神（10%）	吃苦耐劳精神（5%）							
		学习纪律性（5%）							
方法能力（20%）	计划能力（10%）								
	决策能力（10%）								
评价评语	评语：								

班级		组别		学号		总评	
教师签字			组长签字		日期		

参 考 文 献

[1] 戴建树. 焊接生产管理与检测 [M]. 2 版. 北京：机械工业出版社，2013.
[2] 张建勋. 现代焊接生产与管理 [M]. 北京：机械工业出版社，2006.
[3] 张美清. 焊接生产与工程管理 [M]. 北京：机械工业出版社，2009.
[4] 邓洪军. 焊接结构生产 [M]. 2 版. 北京：机械工业出版社，2009.
[5] 英若采. 焊接生产基础 [M]. 北京：机械工业出版社，2006.
[6] 方洪渊. 焊接结构学 [M]. 北京：机械工业出版社，2008.
[7] 陈祝年. 焊接工程师手册 [M]. 北京：机械工业出版社，2002.
[8] 王云鹏. 焊接结构生产 [M]. 北京：机械工业出版社，2009.